应用型高等院校经管类系列实验教材·计算机

（第3版）

程序设计基础实验

——C语言程序设计

王泽　鲜征征　黄承慧／主编

潘章明　唐名华　李梅生　侯昉／副主编

ChengXu SheJi JiChu ShiYan

中国财经出版传媒集团

经济科学出版社

Economic Science Press

图书在版编目（CIP）数据

程序设计基础实验：C 语言程序设计 / 王泽，鲜征征，
黄承慧主编．—3 版．—北京：经济科学出版社，2020.4（2022.7 重印）
应用型高等院校经管类系列实验教材．计算机
ISBN 978－7－5218－1399－9

Ⅰ．①程…　Ⅱ．①王…　②鲜…　③黄…　Ⅲ．①C 语言－
程序设计－高等学校－教材　Ⅳ．①TP312.8

中国版本图书馆 CIP 数据核字（2020）第 046223 号

责任编辑：白留杰
责任校对：靳玉环
责任印制：李　鹏　张佳裕

程序设计基础实验
——C 语言程序设计
（第 3 版）
王　泽　鲜征征　黄承慧　主　编
潘章明　唐名华　李梅生　侯　昉　副主编
经济科学出版社出版、发行　新华书店经销
社址：北京市海淀区阜成路甲 28 号　邮编：100142
教材分社电话：010－88191354　发行部电话：010－88191522
网址：www.esp.com.cn
电子邮件：bailiujie518@126.com
天猫网店：经济科学出版社旗舰店
网址：http://jjkxcbs.tmall.com
北京密兴印刷有限公司印装
787×1092　16 开　12.5 印张　280000 字
2020 年 7 月第 3 版　2022 年 7 月第 3 次印刷
ISBN 978－7－5218－1399－9　定价：39.00 元

前 言

（第3版）

为适应经济管理文科类院校计算机专业的C语言实验教学需要，2010年我们编写了《程序设计基础实验》——C语言程序设计，在经济科学出版社出版。在实际使用过程中，各位同仁和广大读者给出了很好的建议。在使用第2版后，我们根据在教学过程中的实际感受，结合收集到的建议和意见，对第2版教材进行了修订，出版了《程序设计基础实验》（第3版）。

第3版主要对第2版中的基础实验部分内容进行了全面修订，体现在以下几个方面：

1. 将每个实验的相关知识部分进行了优化，改为实验背景知识，重新优化了本次实验内容所涉及的知识点，并进行了详细的讲解，使其更具有可读性和可指导性。

2. 在每个实验部分增加了程序错误调试验证题，尽可能让读者熟悉程序的调试方法。通过调试发现问题并解决问题。

3. 在每个实验部分增加了程序填空题，在程序代码中，空出关键代码，让读者根据上下文去理解题意，并完成代码编写，增强读者读代码能力。

4. 每个实验增加了程序分析题，通过读简单程序，理解有关概念，并写出程序运行的结果，增强读者理解程序的能力，并上机实践进行验证。

5. 优化了实验思考题，希望这样，有助于读者进一步加深对概念的理解和掌握。

6. 删除了第2版中附录B Visual Studio 2008程序调试，因为在错误调试部分已经进行了练习。

本书由王泽统稿，鲜征征、黄承慧、潘章明、唐名华、李梅生、侯昉等修订。

在本书修订的过程中，得到了软件教研室教师的关心和支持。本书的编写参考了大量近年出版的相关书籍和技术资料，吸取了国内外许多专家和同仁的宝贵经验。在此一并表示衷心的感谢！

尽管我们做出了很大的努力，修订了第2版的诸多不足之处，受编者水平限制，书中难免存在错误或不妥之处，恳请各位专家、同仁和广大读者提出宝贵意见！

电子邮件地址：20－030@gduf.edu.cn。

编 者

2019年5月

前　言

（第2版）

为适应经济管理文科类院校计算机专业的C语言实验教学需要，2010年我们编写了《程序设计基础实验》——C语言程序设计，在经济科学出版社出版。在实际使用过程中，各位同仁和广大读者给出了很好的建议。我们根据在教学过程中的实际感受，结合收集到的建议和意见，对第1版教材进行了修订，出版了《程序设计基础实验》（第2版）。

第2版主要对第1版中的基础实验部分内容进行了全面修订，体现在以下几个方面：

1. 在每个实验的相关知识部分，增加了本次实验内容所涉及的知识点，并进行了详细的讲解，同时给出了大量的示例，使其更具有可读性和可指导性。

2. 在C程序控制流程实验中，增加了各种流程控制示例，并绘制了程序流程图，便于读者进一步理解控制流程的概念和使用方法。

3. 进一步丰富了实验内容，在实验内容的安排上，尽可能多地覆盖C语言的知识点，难度循序渐进，并对每个实验内容进行了实验分析和提示。

4. 每个实验增加了实验思考题，希望这样，有助于读者进一步加深对概念的理解和掌握。

5. 将程序移植到Visual Studio 2008环境下运行、调试。所有例题均在Visual Studio 2008下调试通过。

6. 将附录B中的Visual C++6.0调试内容调整为Visual Studio 2008环境下调试内容，在附录C中增加了C语言常用的函数的用法。

为方便教师教学，本书提供实验内容和习题参考答案及程序源代码，请登录http://www.kzyw.net注册下载。

本书由王泽统稿，鲜征征、黄承慧、潘章明、侯昉修订。

在本书修订的过程中，得到了软件教研室教师的关心和支持。本书的编写参考了大量近年出版的相关书籍和技术资料，吸取了国内外许多专家和同仁的宝贵经验。在此一并表示衷心的感谢！

尽管我们做出了很大的努力，修订了第1版的诸多不足之处，受编者水平限制，书中难免存在错误或不妥之处，恳请各位专家、同仁和广大读者提出宝贵意见！

电子邮件地址：wangze@gduf.edu.cn。

编　者

2014年1月

目　录

第一篇　基础实验

第二篇　综合实验

第三篇　课外实验

第四篇　特色实验

第一篇

基础实验

实验 1

熟悉 C 程序开发环境

一、实验目的及要求

1. 了解 C-Free 开发环境。
2. 掌握编写 C 程序的基本过程和步骤。
3. 掌握 C 程序的编程风范。

二、实验背景知识

1. C-Free 简介。C-Free 是一款集成开发环境（IDE），集成了 C/C ++ 代码解析器，能够实时解析代码，并且在编写的过程中给出智能提示。C-Free 提供了对目前业界主流 C/

C ++ 编译器的支持，可以在 C-Free 中轻松切换编译器。可定制快捷键、外部工具以及外部帮助文档，使学习者在编写代码时得心应手。同时提供的完善的工程/工程组管理功能可以为编程者管理自己的代码提供方便。

2. C-Free 集成环境下 C 语言开发过程。下面以创建 HelloWorld 程序为例介绍如何使用 C-Free。

（1）首先在磁盘上（如 D 盘）建立一个文件夹，命名为：C-Program。然后启动 C-Free 程序，进入 C-Free 集成开发环境后，屏幕上显示如图 1 –1 所示。

图 1 –1　C-Free 集成开发环境

启动 C-Free 后，可以打开一个已有的工程项目或已有的 C 语言/C ++ 语言文件，也可以新建一个工程项目。

（2）单击图 1 –1 中的“新建工程”，弹出如图 1 –2 所示的对话框。

图 1 –2　新建项目对话框

在图 1 –2 中的“一般”选项卡中，单击控制台程序，在“工程名称”下方的编辑框中输入工程名称 Lab-1。单击“保存位置”右侧的按钮[...]，可以设置保存 C 语言程序文件在电脑上的位置，此处选择 D:\C-Program，单击“确定”按钮后，显示窗口如图 1 –3 所示。

图 1－3　控制台程序窗口

（3）通常情况下，选择创建一个空的项目。单击“下一步”，显示的窗口如图 1－4 所示。

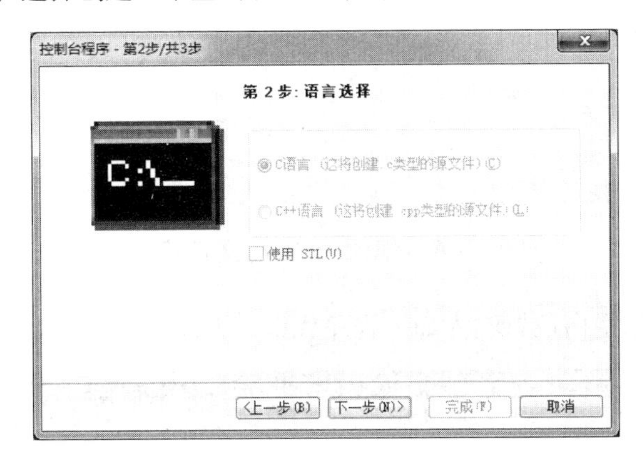

图 1－4　控制台语言选择

（4）在图 1－4 中，单击“下一步”，在弹出的窗口单击“完成”按钮，成功新建工程，如图 1－5 所示。在它的右侧出现 3 个空文件夹：Source Files、Header Files 以及 Other Files。

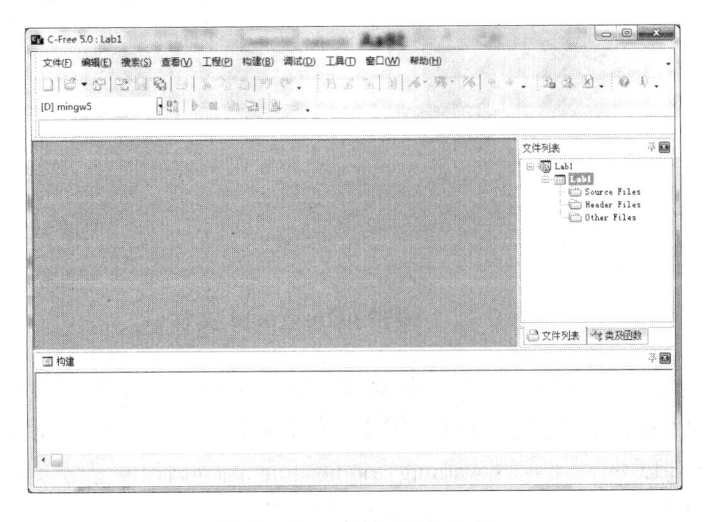

图 1－5　成功新建工程

（5）执行“文件”→“新建”菜单，此时建立一个 C/C ++ 语言源程序文件。执行“文件”→“保存”时，输入文件名称为 helloWorld（. cpp 不要删除），可选择把文件保存到当前工程的 Source Files 文件夹下，系统将添加默认扩展名 . cpp，如图 1 –6 所示。大家可以在光标所在的位置编写代码了。

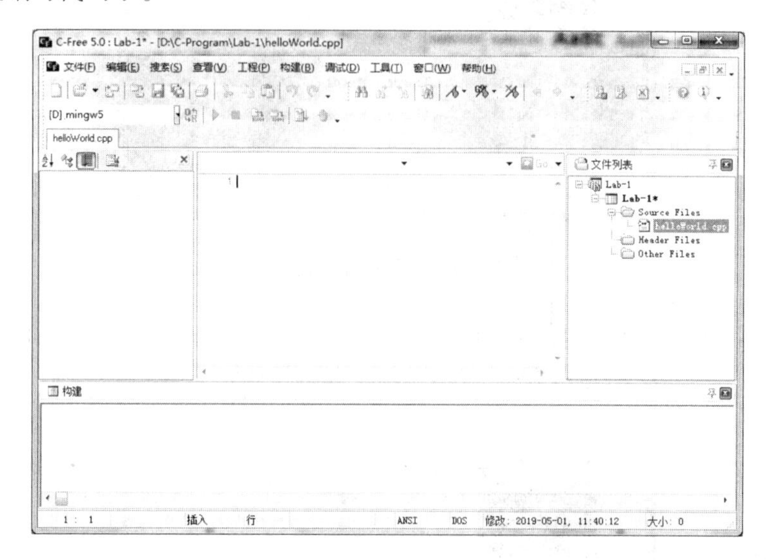

图 1 –6　编辑 C 语言文件窗口

（6）在光标所在的空白位置输入如下程序代码，如图 1 –7 所示。

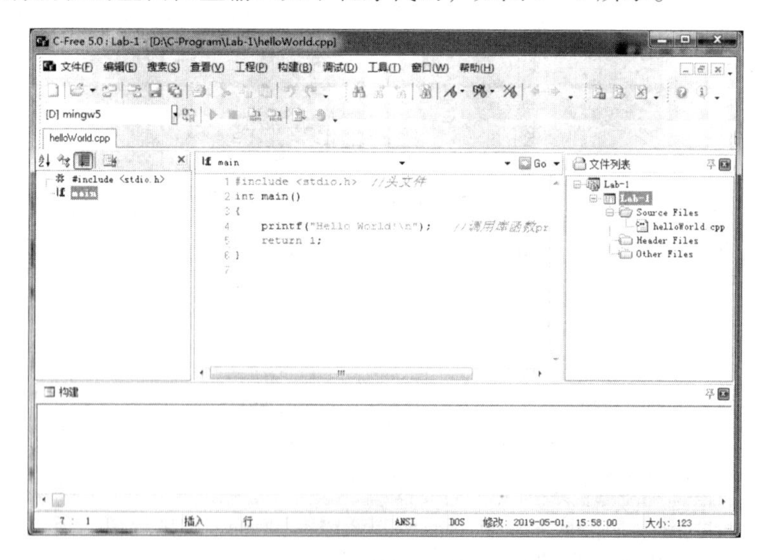

图 1 –7　编辑 helloWorld 文件

（7）执行“构建”→“编译”命令，将对程序进行编译，如果程序中没有语法错误，得到文件“helloWorld. obj”。输出区中显示图 1 –8 中的内容。其中，［Warning］D:\C-Program\Lab-1\helloWorld. cpp: 6: 2: warning: no newline at end of file 表示编译有警告，原因是在源代码的结尾缺少新的一行（此处警告不是语法错误）。

```
正在编译 D:\C-Program\Lab-1\helloWorld.cpp...
[Warning] D:\C-Program\Lab-1\helloWorld.cpp:6:2: warning: no newline at end of file

完成编译 D:\C-Program\Lab-1\helloWorld.cpp: 0 个错误, 1 个警告
生成 D:\C-Program\Lab-1\mingw5\helloWorld.o
```

图 1－8　编译提示

（8）在编辑窗口中的最后一行的"}"符号后回车换行，添加一行，重新编译就可消除警告标志，如图 1－9 所示。编译成功后，打开 D:\C-Program\Lab-1\mingw5 目录，发现生成了一个二进制文件 helloWorld.o，但它不能独立运行，还需要系统库的支持，.o 文件必须和系统库组合在一起才能生成 .exe 文件，这个组合的过程就叫作链接。

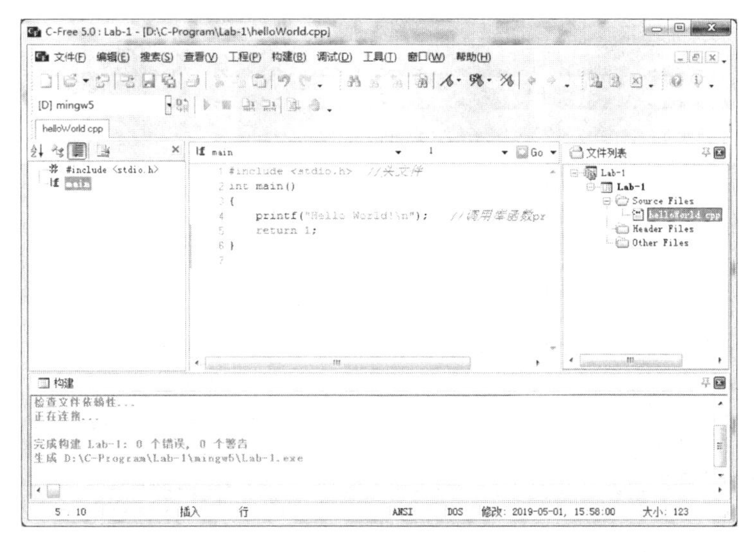

图 1－9　编译成功提示

（9）执行"构建"→"构建 Lab-1"命令，将对程序进行链接，最终生成 Lab-1.exe 可执行文件。此文件在 D:\C-Program\Lab-1\mingw5 路径下。

（10）执行"构建"→"运行"命令，运行程序 Lab-1.exe，程序结果如图 1－10 所示。自此，即成功地利用 C-Free 开发了一个简单的 C 语言程序。

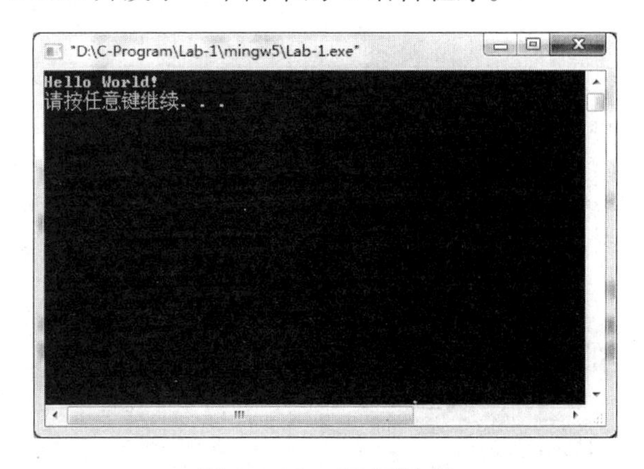

图 1－10　运行结果

三、实验内容及步骤

1. 在下列横线上输入适当的语句，在屏幕上显示你的学号、姓名和班级，并编程进行验证。

```
#include <stdio.h>
int main ( )
{
    ______________________
    return 1;
}
```

2. 输入并运行下列程序，将结果写在右侧的方框内。

```
#include <stdio.h>
int main ( )
{
    printf(" *   *   *   * \n");
    printf("   *   *   * \n");
    printf("   *   *   \n");
    printf(" *     *     \n");
    return 1;
}
```

3. 改正下列程序的错误，程序运行结果在屏幕上显示“Welcome to GDUF!”。

有错误的源程序

```
#include <stdio.h>
int main ( )
{
    printi(Welcome to GDUF!  \n)
    return 1;
}
```

改正后程序的运行结果

Welcome to GDUF!

请将错误的语句及正确的语句写在横线上。

____

4. 拓展编程题。

（1）编写程序，在屏幕上输出下列图案。

```
* * * * * * * * * * * * * * * * * * * *
Please Study Hard
* * * * * * * * * * * * * * * * * * * *
```

（2）编程在屏幕上输出一个短语 I Love Programming!

四、实验思考题

1. 运行 C 语言程序的步骤有哪些？每一步的作用是什么？
2. 如何在 Windows 控制台程序运行拓展编程题中的第（1）题的结果？

实验 2

数据与运算符

一、实验目的及要求

1. 熟悉数据类型的概念，掌握定义一个整型、字符型和实型等类型变量以及对它们赋值的方法。

2. 掌握常用运算符的优先级与结合性。

二、实验背景知识

1. 数据类型。C 语言的数据类型十分丰富，数据有常量与变量之分。常用的数据类型如表 2－1 所示。

表 2－1　　常用数据类型

类型		长度（字节）	取值范围	变量定义示例	常量表示示例
整型子类型	short	2	－32768～32767	short a，sum；	123（十进制） 0123（八进制） 0x123（十六进制）
	long	4	－2147483648～2147483647	long　x；	
	int	在 16 位系统中同 short；在 32 位系统中同 long		int b；	
字符型	char	1	－128～127	char ch；	'a'
浮点型子类型	float	4	10^{-38}～10^{38}	float a；	0. 12；1. 2e3；
	double	8	10^{-308}～10^{308}	double b；	

注：C 语言允许字符型数据与值在 0～127 范围内的整型数据之间可以通用。

［示例 2－1］各种数据类型的定义及输出

源程序

```
#include < stdio. h >
int main ( )
```

```
{
    int iYear;
    float fDeposit;
    double dSum;
    char ch;
    iYear =5;
    fDeposit =2500;
    dSum =20190131;
    ch ='a';
    printf("iYear =%d\n",iYear);
    printf("fDeposit =%.2f\n",fDeposit);
    printf("dSum =%.2lf\n",20190131);
    printf("ch =%c\n",ch);
    return 1;
}
```

程序运行结果

```
iYear =5
fDeposit =2500.00
dSum =20190131.00
ch =a
```

2. 运算符及其优先级。C 语言常用的运算符及其优先级如表 2-2 所示。

表 2-2　　常用运算符的优先级与结合性

优先级顺序	运算符种类	附加说明	结合方向
1	单目运算符	逻辑非! 按位取反 ~ 求负 - ++ -- 类型强制转换等	右→左
2	算术运算符	* / % 高于 + -	左→右
3	关系运算符	< <= > >= 高于 == !=	左→右
4	逻辑运算符	除逻辑非之外，&& 高于 ||	左→右
5	赋值运算符	= += -= *= /= %= &= ^= != <<= >>=	右→左
6	逗号运算符	,	左→右

[**示例 2-2**] 阅读下列程序，分析程序的输出结果

源程序

```
#include <stdio.h>
int main ()
{
    int x,y,z ,x1,y1,z1;
    x =2 * 3/4;        // 当符号/的分子分母都是整数时,则进行整除运算
```

```
    y = ! 9;            //逻辑运算的结果,不是 0 就是 1
    z = 7 > 1;
    x1 = 2 && 0;
    y1 = 0 || 8;
    z1 = 9 % 4;
    printf("x = %d,y = %d,z = %d,x1 = %d,y1 = %d,z1 = %d",x,y,z,x1,y1,z1);
    return 1;
}
```

程序运行结果

x = 1,y = 0,z = 1,x1 = 0,y1 = 1,z1 = 1

[**示例 2 - 3**] 阅读下列程序，分析程序运行结果

源程序

```
#include <stdio.h>
int main ( )
{
    int i = 3,j = 4,k;
    k = ++i;                    // i 先自增,然后参与运算
    printf("k = %d \n",k);
    k = j--;                    // j 先参与运算,然后自减
    printf("k = %d\n",k);
    return 1;
}
```

程序运行结果

k = 4

k = 4

3. 位运算符。位运算就是对整数在内存中的二进制位进行操作。注意只针对整数进行位操作。

[**示例 2 - 4**] 阅读下列程序，分析程序运行结果

源程序

```
#include <stdio.h>
int main ( )
{
    printf("unsigned char = %d\n",sizeof(unsigned char));
    unsigned char a = 255;
    a = 3 & 2;
    printf("a = %d\n",a);
    a = 15;
    a = a << 5;
    printf("a = %d\n",a);
```

```
    return 1;
}
```

程序运行结果

```
unsigned char = 1
    a = 2
    a = 224
```

三、实验内容及步骤

1. 在下列每条横线上填入一条适当的语句，使程序能够正确运行并上机验证。

（1）源程序代码。

```
#include <stdio.h>
int main ( )
{
    ____________________;
    a = 7;
    b = a ++;
    printf("a = %d,b = %b\n",a,b);
    return 1;
}
```

（2）源程序代码。

```
#include <stdio.h>
int main ( )
{
    ____________________;
    x = 15;y = 4;
    ____________________;
    printf("x/y 的余数 = %d\n",z);
    return 1;
}
```

（3）源程序代码。

```
#include <stdio.h>
int main ( )
{
    ____________________
    x = 4,y = 4;
    ____________________            //比较 x > = y,并将结果赋给变量 z
    printf("z = %d\n",z);
```

```
    return 1;
}
```

（4）源程序代码。

```
#include <stdio.h>
#define PI 3.14
    ____________________            //此处为宏定义,求圆的面积
int main ()
{
    printf("area = %f \n",S(2+3));
    return 1;
}
```

程序运行结果

area = 78.5

2. 改正下列程序的错误，并将错误代码对应的行号及正确代码写在横线上，并上机验证。

（1）源程序代码。

```
#include <stdio.h>
int main ()
{
    char c1,c2;
    c1 ='a';
    c2 ="A";
    printf("c1 =%c,c2 =%c\n",c1,c2);          //c1 以字符输出,c2 以整数形式输出
    return 1;
}
```

程序运行结果

c1 = a,c2 = 65

____

____

（2）源程序代码。

```
#include <stdio.h>
int main ()
{
    double pi =3.14;
    float r =5.5;
    double s - circle;
    s_circle = r * r * pi;
    printf("Area = %d\n",s - circle);          //求圆的面积
    return 1;
```

```
}
```

程序运行结果

Area =94.98

____

____

3. 分析下面程序代码，并将结果填写在对应的横线上，并上机验证。

（1）源程序代码。

```
#include <stdio.h>
int main ()
{
    int x =3,y =4;
    x* =y +1;
    printf("x =%d \n",x);
    return 1;
}
```

程序运行结果：____________________

（2）源程序代码。

```
#include <stdio.h>
int main ()
{
    char ch ='T';
    ch =ch +32;
    printf("ch =%c \n",ch)
    return 1;
}
```

程序运行结果：____________________

（3）源程序代码。

```
#include <stdio.h>
int main ()
{
    int a =3,b =5;
    a =a^b;
    b =a^b;
    a =a^b;
    printf("a =%d,b =%d\n",a,b);
    return 1;
}
```

程序运行结果：____________________

四、实验思考题

1. 符号 && 和符号 & 之间的区别在哪里？编程验证 5 && 2 与 5 & 2 输出结果的区别。

2. 如何将 printf("%d\n",5/2) 改写为以 double 类型格式输出，结果为：2.50，上机验证。

实验3

表达式与语句

一、实验目的及要求

1. 通过输入数据到变量中参加表达式的运算，学习变量的编程方法。
2. 学会正确使用逻辑表达式。
3. 掌握常用运算符的优先级与结合性。
4. 学会检查给定程序的错误并通过调试信息纠正错误。

二、实验背景知识

1. 语句。语句是在表达式的最后加上一个；构成的，其类型有：赋值语句、函数调用语句、空语句和复合语句。

(1) 赋值语句。

[**示例3-1**] 变量的定义语句及赋值语句

部分源程序

```
int ad;            //变量定义语句
float kot,deta;          //变量定义语句
ad = 3200;          //变量赋值
kot = 0.0056;          //变量赋值
deta = ad * kot;          //变量赋值
```

在变量赋值时必须注意：

一是变量必须先定义，后使用。例如，[示例3-1] 的 int ad；定义了一个整型变量，然后再赋值如 ad = 3200。

二是对变量的赋值过程是用新值替换旧值，变量未被赋值前，值是不确定的。

(2) 函数调用语句。

［示例 3－2］函数调用语句

部分源程序

```
c = sum(a,b);            //函数调用语句由函数调用表达式加上一个分号构成。
```

（3）空语句。空语句只有一个分号，什么都不做。

（4）复合语句。复合语句用花括号 { } 将多条语句组合在一起构成的，常用于流程控制语句中执行多条语句，在语法上相当于一条语句。

［示例 3－3］复合语句

部分源程序

```
float bs,ga,da;
if(bs < 1500)
{
    ga = bs * 10/100;
    da = bs * 90/100;
}
```

使用复合语句注意：复合语句结束的 } 之后，不需要再加上分号。

2. 表达式。通过运算符的组合，C 语言可以很容易处理任何复杂的数学表达式。一些复杂的数学表达式如表 3－1 所示。

表 3－1　一些复杂的 C 语言表达式的例子

代数表达式	C 语言表达式
$a \times b - c \times d$	$a * b - c * d$
$(m + n)(a + b)$	$(m + n) * (a + b)$
$3x^2 + 2x + 5$	$3 * x * x + 2 * x + 5$
$\frac{a + b + c}{d + e}$	$\frac{(a + b + c)}{(c + d)}$
$\left[\frac{2BY}{d + 1} - \frac{x}{3(z + y)}\right]$	$\frac{2 * b * y}{(d + 1)} - \frac{x}{(3 * (z + y))}$

（1）逗号表达式。C/C++ 中有一个逗号操作符","，它将两个表达式连接起来构成“逗号表达式”。逗号表达式先求逗号左边表达式的值，再求逗号右边表达式的值，而整个表达式的值则是右边表达式的值。

［示例 3－4］逗号表达式

源程序

```
#include <stdio.h>
int main ()
{
    int x;
    x = 3 + 4,5 + 6;
    printf("x = %d\n",x);
    return 1;
```

```
}
```

程序运行结果

x =7

(2) 关系表达式。C/C ++中的各种关系运算符参与运算的式子，这种表达式的运算结果是逻辑值1或0。关系运算符也可以与其他运算符结合使用。运算时，一定要注意运算符的优先级（见表2-2）。

[**示例3-5**] 关系运算

源程序

```
#include <stdio.h>
int main ( )
{
    char ch ='k';
    int i =1,j =2,k =3;
    float x =3e +5,y =0.85;
    int result_1 ='a' +5 <ch  ,result_2 =x -5.25 <=x +y;
    printf("%d,%d\n",result_1, -i -2 *j> =k +1);
    printf("%d,%d\n",1 <j <5,result_2);
    return 1;
}
```

程序运行结果

1,0

1,1

(3) 逻辑表达式。C/C ++中，由逻辑运算符组成的式子称为逻辑表达式，在逻辑表达式中，逻辑运算符的优先级从高到低依次为：! ->&& -> || 。

[**示例3-6**] 逻辑运算

源程序

```
#include <stdio.h>
int main ( )
{
    char ch ='k';
    int i =1,j =2,k =3;
    float x =3e +5,y =0.85;
    printf("%d,%d\n",! x * ! y,!!! x);
    printf("%d,%d\n",x || i && j -3,i <j && x <y);
    printf("%d,%d\n",i ==5 && ch &&(j =8),x +y || i +j +k);
    return 1;
}
```

程序运行结果

0, 0

1, 0
0, 1

三、实验内容及步骤

1. 改正下列程序的错误，并将错误代码对应的行号及正确代码写在横线上，并上机验证。

求表达式$\frac{a+b^2}{d+e}$的值，其中 a =3，b =4，d =5，e =2.5。

源程序代码

```
#include <stdio.h>
int main ()
{
    int a =3,b =4,d =5;
    float e =2.5,res;
    res = a + b^2/d + e;
    printf("res = %d\n",res);
    return 1;
}
```

____

____

程序运行结果

res =2.53

2. 在下列每条横线上填入一条适当的语句，使程序能够正确运行并上机验证。

(1) 比较 3 个数的大小。

源程序代码

```
#include <stdio.h>
int main ()
{
    int x,y,z,max;
    x =3,y =4,z =5;
    ________________________________          //用条件运算符?:来实现
    printf("max = %d\n",max);
    return 1;
}
```

程序运行结果

max =5

(2) 当 x =5 时，求表达式 $3x^2 + 2x + 5$ 的值。

源程序代码

```
#include <stdio.h>
int main()
{
    int x = 5,res;
    ____________________
    printf("res = %d\n",res);
    return 1;
}
```

程序运行结果

res = 90

3. 根据要求填空。

（1）假定 a = 10，b = 12，c = 0，求表 3－1 中表达式的值，并编程验证。

表 3－1　求表达式的值

表达式	表达式的值
! a == 6&&b > 5	
a == 9 || b < 3	
!（a < 10）	
!（a > 5&&c）	
5&&c! = 8 || c	

（2）将下列语言描述的表达式写在对应的横线上。

① 税率（taxrate）超过 25% 并且收入（income）小于 20 000 美元：________

② 温度（temperature）小于或等于 75，或者湿度（humidity）小于 70%：________

③ 年龄（age）大于 21 并且小于 60：____________

（3）下列程序运行的结果是____________，并上机验证。

```
#include <stdio.h>
int main()
{
    int a = 7;
    float x = 2.5,y = 4.7,z;
    z = x + a%3 * (int)(x + y)%2/4;
    printf("%.f\n",z);
    return 1;
}
```

（4）下列程序运行的结果是____________，并上机验证。

```
#include <stdio.h>
int main()
```

```
{
    int a=2,b=3,c=4;
    printf("%d\n",a+b>3*c);
    return 1;
}
```

四、实验思考题

1. 假设 $a=5$，$b=6$，$c=4a^2+3ab+5(a-b)^2$，如何编程求出 c 的值？
2. 语句和表达式的区别和联系是什么？如何改变一个复合表达式中运算符的运算次序？

实验4

顺序结构程序设计

一、实验目的及要求

1. 熟练掌握赋值运算符的使用。
2. 熟练掌握算术运算、逻辑运算和关系运算。
3. 掌握输出函数 printf 和输入函数 scanf 的使用。
4. 掌握程序流程图的绘制方法。

二、实验背景知识

1. 关于程序设计风格。C 语言的书写格式非常自由，例如，一行内可以书写多个语句，一个语句很长时也可以分写在多行上。但是，为了程序的可读性，在书写源程序时应该尽可能地做到清晰、美观，这不仅能使程序容易读懂，更重要的是，当程序出现错误时便于查错和改错。

程序 1（不良的书写风格）

```
main ( )
{
int a,b,t;
scanf("%d%d",&a,&b,&c);
while(a!=0&&b!=0)
{
if(a<b)
{
t=a;
a=b;
b=t;}
```

程序 2（美观良好的书写风格）

```
main ( )
{
    int a,b,t;
    scanf("%d%d",&a,&b);
    while(a!=0&&b!=0)
    {
      if(a<b)
      {
         t=a;
         a=b;
         b=t;
```

```
printf("max = %d,min = %d\n",a,b);
scanf("%d,%d",&a,&b);}
}
```

```
}
printf("max =%d,min =%d\n",a,b);
scanf("%d,%d",&a,&b);
}
}
```

要使程序清晰易读，一个较好的做法是采用缩进书写格式。程序 1 和程序 2 的程序功能完全相同，试比较它们的书写格式，从中领悟缩格书写的好处。

2. 输入与输出。输入函数 scanf ( )的格式为：scanf("输入数据格式"，& 变量名)，具体格式如表 4 -1 所示。

表 4 -1　　函数 scanf ( )格式化

格式转换说明符	用　　法
%d 或%i	输入十进制整数：scanf("%d",&x);
%o	输入八进制整数：scanf("%o",&x);
%x	输入十六进制整数：scanf("%x",&x);
%c	输入一个字符，空白字符（包括空格、回车、制表符）时结束：scanf("%c",&ch);
%s	输入字符串，遇到第一个空白字符（包括空格、回车、制表符）时结束：scanf("%s",&ch);
%f 或%e	输入实数，以小数或指数形式输入均可：scanf("%f",&x);
%%	输入一个百分号%

输出函数 printf ( )的格式为：printf("格式字符串"，变量列表)，具体格式如表 4 -2 所示。

表 4 -2　　函数 printf ( )的格式化

格式转换说明符	用　　法
%d 或%i	输出带符号的十进制整数，正数的符号省略
%u	以无符号的十进制整数形式输出
%o	以无符号的八进制整数形式输出，不输出前导符 0
%x	以无符号十六进制整数形式（小写）输出，不输出前导符 0x
%X	以无符号十六进制整数形式（大写）输出，不输出前导符 0x
%c	输出一个字符
%s	输出字符串
%f	以十进制小数形式输出实数，整数部分全部输出，隐含输出 6 位小数，输出的数字并非全部是有效数字，单精度实数有效位数一般为 7 位，双精度实数有效位数一般为 16 位
%e	以指数形式（小写 e 表示指数部分）输出实数，要求小数点前必须有且仅有 1 位非 0 数字
%E	以指数形式（大写 e 表示指数部分）输出实数
%g	自动选取 f 或 e 格式中输出宽度较小的一种使用，且不输出无意义的 0
%G	自动选取 f 或 E 格式中输出宽度较小的一种使用，且不输出无意义的 0
%%	显示百分号%

对于单个字符的输入和输出，C 语言标准函数库还提供了 getchar ( ) 和 putchar ( ) 函数。

getchar ( ) 的功能是返回键盘输入的一个字符，它不带任何参数，其通常格式如下：ch = getchar ( )，ch 为字符型变量，上述语句接收从键盘输入的一个字符并将它赋给 ch。

putchar ( ) 的作用是向屏幕上输出一个字符，它的功能与 printf 函数中的% c 相当。putchar ( ) 必须带输出项，输出项可以是字符型常量、变量、表达式，但只能是单个字符而不能是字符串。

3. 顺序结构。顺序结构就是按程序代码从上到下的顺序执行；可以用传统流程图或盒图来描述顺序结构（即解题过程）。

[**示例 1**] 设银行定期存款的年利率为 2.25%，已知存款期为 3 年，存款本金为 500 元，试编程并输出 3 年后的本利之和。程序流程图和代码如图 4－1 和图 4－2 所示。

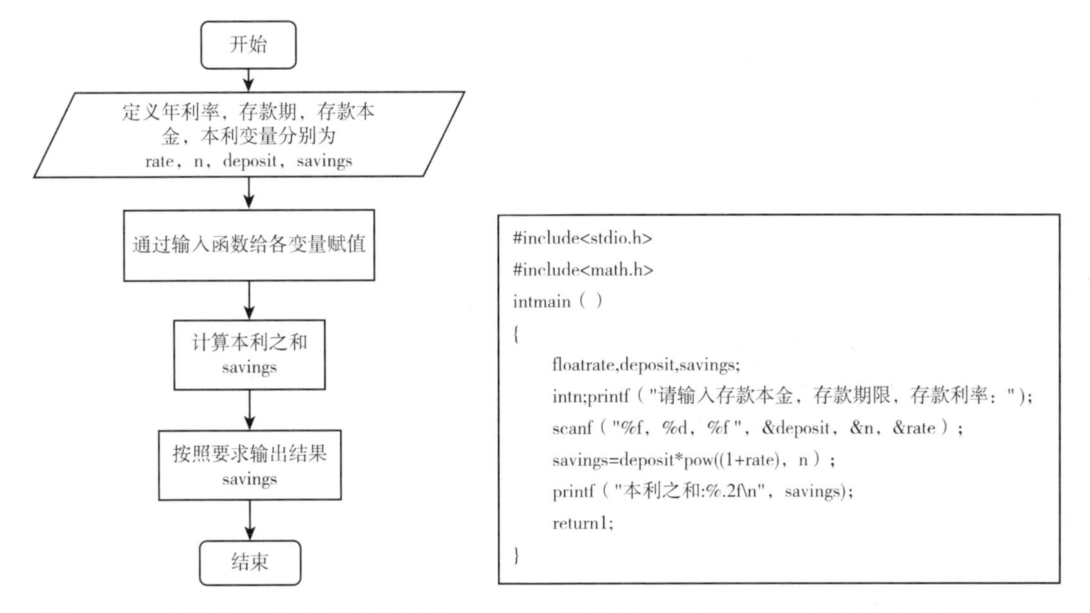

图 4－1　求银行存款本利之和流程　　　**图 4－2　求银行存款本利之和源代码**

三、实验内容及步骤

1. 改正下列程序的错误，并将错误代码对应的行号及正确代码写在横线上，并上机验证。

（1）求 a，b 的和的源程序。

```
#include < stdio. h >
int main ( )
{
    int a,b;
    scanf( "% d,% d" ,a,b) ;
    printf( "% d + % d = " ,a,b,a + b) ;
    return 1;
```

```
}
```

____

____

（2）华氏温度转摄氏温度，公式$\frac{5}{9}(f-32)$。

```
#include <stdio.h>
int main ( )
{
    double f,c;
    printf("请输入华氏温度:");
    scanf("%f",&f);
    c =5/9(f-32);
    printf("华氏温度:%.1lf → 摄氏温度:%.1lf\n",f,c);
    return 1;
}
```

____

____

2. 在下列横线上填入一条语句，使程序能够正确运行并上机验证。

（1）从键盘输入两个整数，然后交换，并分别输出交换前后的两个数。

```
#include <stdio.h>
int main ( )
{
    int a,b,t;
    ________________________
    printf("交换前 a = %d,b = %d\n",a,b);
    t = a;
    ________________________
    ________________________
    printf("交换后 a = %d,b = %d\n",a,b);
    return 1;
}
```

（2）从键盘输入一个三位数，将它逆序输出。

```
#include <stdio.h>
int main ( )
{
    int a,b,c,x;
    scanf("%d",&x);          //x 是一个三位数
    ______________________________
    ______________________________
```

```
        ________________________________
        printf("%d 的逆序是:%d\n",x,a+b*10+c*100);
        return 1;
    }
```

3. 写出下列程序的运行结果并上机验证。

（1）下列程序的运行结果________

```
#include <stdio.h>
int main ()
{
    float a;
    int b;
    b=a=24.5/5;
    printf("%f,%d",a,b);
    return 1;
}
```

（2）下列程序的运行结果________

```
#include <stdio.h>
int main ()
{
    char c1,c2;
    c1=getchar ();            //从键盘输入一个大写字符 W
    c2=c1+32;
    putchar(c2);
    return 1;
}
```

4. 根据文字说明，编写程序并上机实现。

（1）在图 4－3 中，每个节点除了用一个编号表示外，还用一个二维地址表示（图中没有标出）。在二维坐标系统中，原点在图的左上角编号为 0 的节点，向右为 X 轴增加的方向，向下为 Y 轴增加的方向，如节点 6 的坐标为（6，0），节点 25 的坐标为（4，3），其余节点的坐标以此类推。

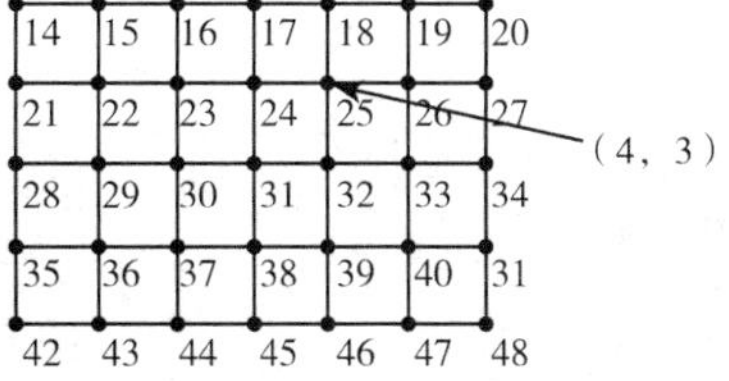

图 4－3　二维网格

完善下列程序，实现输入一个点的编号（0－48），输出该点的（X，Y）坐标。输出格式要求如下：如输入25，按回车键后，则输出结果的格式为：Node（25）－＞(4，3)。

程序部分源代码：

```
#include <stdio. h>
int main ( )
{
    int nodeNum,x_coordinate,y_coordinate;//分别为节点编号和 x,y 坐标
    printf("please input NodeNum：");
    ____________________
    ____________________
    ____________________
    ____________________
    return 1;
}
```

（2）问题描述：输入2个两位正整数a和b，将它们合并成一个正整数并放在c中。合并方式为：a数的十位和个位依次放在c数的千位和十位上；b数的十位和个位数依次放在c数的百位和个位上；输出合并后的整数c。

四、实验思考题

1. 什么是算法？算法的特征是什么？

2. 如何利用visio工具绘制程序流程图？请参阅visio的教程（在百度中输入：visio的教程，进入教程网站学习），完成图4－1流程的绘制。

实验 5

选择结构程序设计

一、实验目的及要求

1. 熟练掌握 if 语句与 switch 语句及其用法。
2. 掌握程序流程的绘制方法。

二、实验背景知识

1. 选择结构：if 语句。if 语句的常用形式如下：

```
if(条件为真)
{
    语句;
    ……
}
```

表示不管什么条件，只要为真，则括号中的语句就会执行，如果条件为假，就跳过括号中这些语句。条件用关系运算符或逻辑运算符来表示。条件语句的 if 形式用于单分支结构。

［**示例 5－1**］从键盘输入当前的年份及员工进入该公司的年份。如果员工在该公司的工作年份超过 3 年，那么就给予该员工 2500 元奖金。如果工作的年份小于 3 年，则程序什么都不执行。

程序的流程如图 5－1 所示，程序代码如图 5－2 所示。

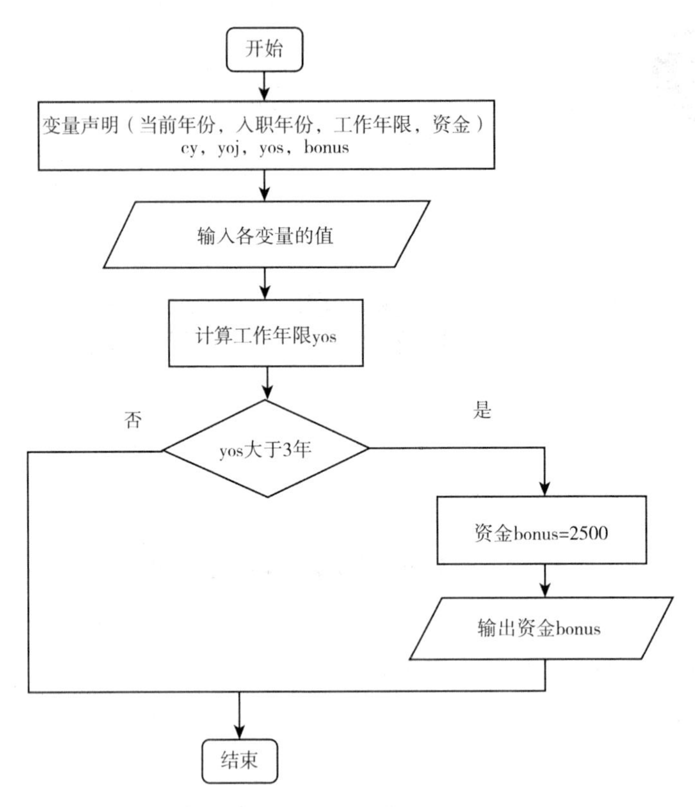

图 5－1　程序流程

```
#include<stdio.h>
intmain（ ）
{
    intbonus，cy，yoj，yos;
    printf（"请输入当前年份和工作年限："；
    scanf("%d%d"，&cy，&yoj);
    yos=cy-yoj;
    if（yos>3）
    {
        bonus=2500;
        printf("奖金=%d元\n"，bonus);
    }
    return1;
}
```

图 5－2　程序代码

2. 选择结构：if-else 语句。if-else 形式用于双分支结构。形式如下：

```
if(表达式)
    语句 1;
else
    语句 2;
```

表达式的值不为0，执行语句1，否则执行语句2。语句1 和语句2 既可以是单语句，也可以是复合语句，复合语句需要用｛　｝扩起来。

［示例 5－2］公司中某员工的工资收入计算如下：如果基本工资（bs）不足 1500 元，则津贴（hra）为基本工资的 10%，奖金（da）为基本工资的 90%；如果基本工资大于或等于 1500 元，则 hra 为 500 元，da 为基本工资的 98%。从键盘输入员工的基本工资，编写程序计算其工资总额（gs）。程序流程和程序代码分别如图 5－3 和图 5－4 所示。

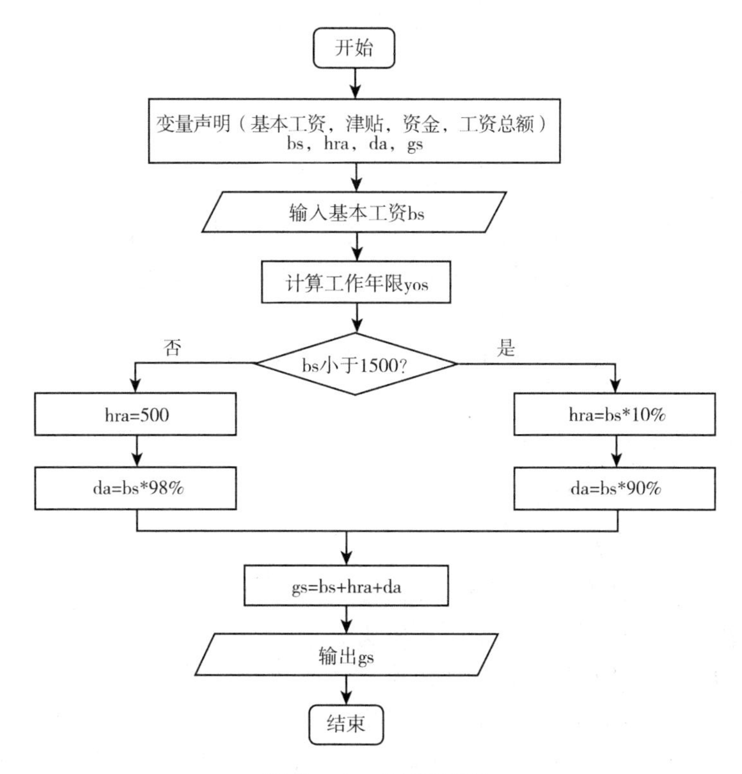

图 5－3　程序流程

```
#include<stdio.h>
intmain ( ) {
    floatbs,gs,da,hra;
    printf ( "请输入基本工资:" ) ;
    scanf ( "%f", &bs ) ;
    if ( bs<1500 ) {
        hra=bs*10/100;
        da=bs*90/100;
    }
    else{
        hra=500;
        da=bs*98/100;
    }
    gs=bs+hra+da;
    printf ( "工资总额=%f",gs ) ;
    retur 1;
```

图 5－4　程序代码

3. 选择结构：else-if 形式语句。else-if 形式用于多分支结构。形式如下：

```
if(表达式)
    语句 1;
else if(表达式)
    语句 2;
……
else if(表达式)
    语句 n;
else
    语句 n+1;
```

其功能为顺序求各表达式的值，如果某一表达式的值为真（非 0），那么执行其后相应的语句，执行完后整个 if 语句结束，其余语句不能执行；如果没有一个表达式的值为真，那么执行最后的 else 语句。

[示例 5-3] 输入一个人的体重和身高，根据 BMI 的判定，输出这个人的身体状况，具体说明如下：

（1）BMI 的计算公式。

$$BMI = 体重(磅) \times 703 / 身高(英寸)$$

（2）BMI 的解释和建议。

BMI<20　　　　//体型偏瘦，请喝杯奶昔。

20≤BMI<25　　//体型适中，请喝杯牛奶。

25≤BMI≤30　　//体型偏胖，请喝杯冰茶。

BMI>30　　　　//属肥胖症，请去看医生。

（3）数据的输入。中国人习惯以公制而不是英制作为体重和身高的计量单位，因此程序要求以公制输入一个人的体重和身高。输入后先在程序内转换为英制，再代入 BMI 公式进行计算。

公制→英制的换算公式为：

$$1 千克 = 2.205 磅$$

$$1 厘米 = 0.3937 英寸$$

为保证结果的正确性，应先对输入数据进行合法性检查，要求用一个逻辑型变量保存检查的结果，当体重和身高都大于 0 时，才允许进入 BMI 值的计算。

（4）数据的输出。输出应包括以英制表示的体重和身高、BMI 值、定性结论和健康建议。例如对于输入：

体重（千克）=60

身高（厘米）=170

输出结果应当为：

体重=132.3（磅），身高=66.929（英寸），体重指数（BMI）=20.7628

你的体重正常，请喝杯牛奶。

程序流程和程序代码分别如图 5-5 和图 5-6 所示。

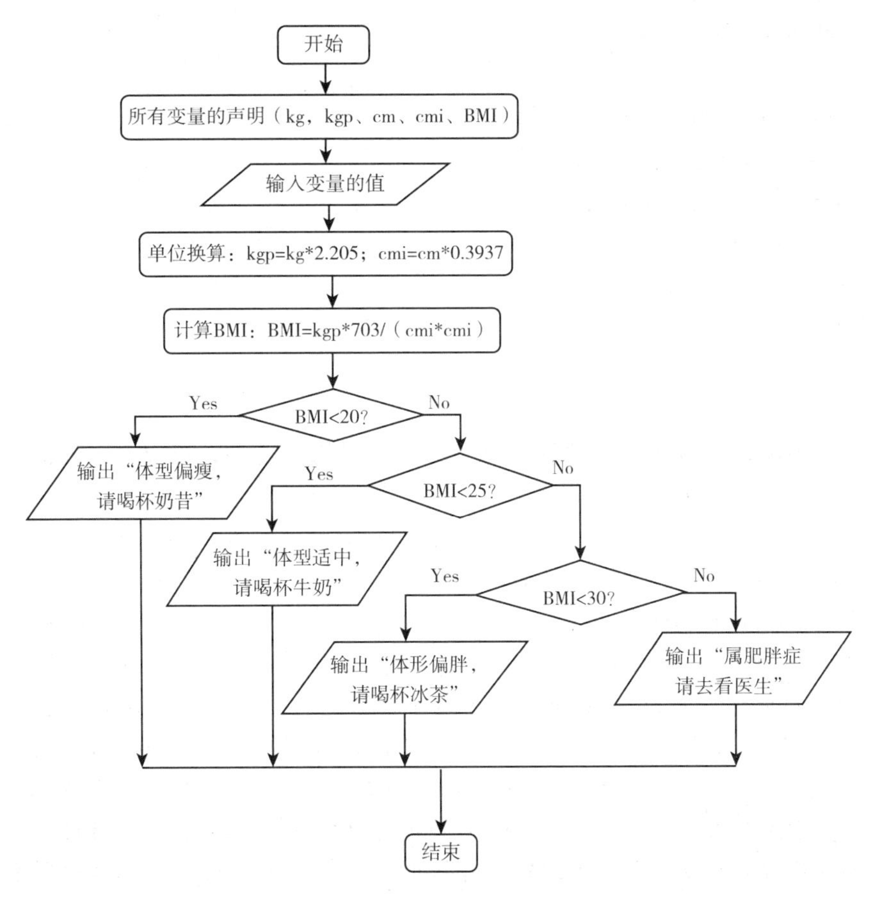

图 5－5　个人身体状况判定程序流程

```
#include<stdio.h>
voidmain（）{
    floatkg,kgp,cm,cmi,BMI;
    printf（"请输入身高（cm）和体重（kg）:"）;
    scanf（"%f,%f"，&cm,&kg）;
    kgp=kg*2.205;
    cmi=cm*0.3937;
    BMI=kgp*703/（cmi*cmi）;
    if（BMI<20）
        printf（"体型偏瘦，请喝杯奶昔\n"）;
    elseif（BMI<25）
        printf（"体型适中，请喝杯牛奶\n"）;
    elseif（BMI<30）
        printf（"体型偏胖，请喝杯冰茶\n"）;
    else
        printf（"属肥胖症，请去看医生\n"）;
}
```

图 5－6　个人身体状况判定程序源代码

4. case 控制结构：switch 语句。允许在一系列的选项中做出选择的控制语句就是 switch，准确地说就是 switch-case-default 控制语句，通常的形式如下：

```
switch( IntegerExpression)
{
    case ConstantExpression1:
        statements;
    case ConstantExpression2:
        statements;
    ……;
    default:
        statements;
}
```

其中 IntegerExpression 可以为普通的整型，也可以为字符型，可以是普通的变量也可以是表达式。

switch 结构的语义（执行机制）：首先计算 IntegerExpression 的值，然后自上而下逐个检查 ConstantExpression 的值，若发现 IntegerExpression 的值与某个 ConstantExpression 的值相等，则转到该 ConstantExpression 之后的 statements 逐句往下执行（执行完后并不跳出该结构），如果 IntegerExpression 的值与所有 ConstantExpression 的值均不等，则在有 default：的情况下，将转到 default：之后的 statements 逐句往下执行，否则，直接跳出该结构。

注意 switch 结构与 if 结构语义上的差别，if 结构使控制流转向 expression 为 true 的分支（单个语句、复合语句或控制结构）或 else 分支去执行一个"整体"（一个语句、复合语句或控制结构），执行完后自动跳出该结构；switch 结构使控制流转向 IntegerExpression 与 ConstantExpression 相等的分支的第一个语句，并从那里逐句往下执行（包括执行后面其他分支的语句）而不会自动跳出该结构。若想让控制流执行完该分支的语句后立即跳出该结构，则必须让该分支的最后一个语句为 break。

在某些以区间为分支条件的多分支选择情况下，可以设法将区间值转化为离散值，然后再使用 switch 结构。思考下列这个程序，如图 5－7 所示。

```
#include<stdio.h>
intmain ( ) {
    inti=2;
    switch ( i ) {
        case1:
            printf ( "Iamincase1\n" ) ;
        case2:
            printf ( "Iamincase2\n" ) ;
        case3:
            printf ( "Iamincase3\n" ) ;
        default:
            printf ( "Iamindefault\n" ) ;
    }
    return1;
}
```

图 5－7　switch 程序

switch 程序的输出结果为：I am in case 2 I am in case 3　I am in default

很显然这个结果并不是我所需要的，如果只想要执行 case 2 后面的语句，就要在 switch 中使用 break 语句。如图 5－8 所示（图中虚线表示跳转流程，不是源码的一部分）。

```
#include<stdio.h>
voidmain ( ) {
    inti=2;
    switch ( i ) {
        case1:
            printf ( "Iamincase1\n" ) ;
            break;
        case2:
            printf ( "Iamincase2\n" ) ;
            break;
            default:
            printf ( "Iamindefault\n" ) ;
    }
}
```

图 5－8

程序的输出结果为：I am in case 2

三、实验内容及步骤

1. 改正下列程序的错误，并将错误代码对应的行号及正确代码写在横线上，并上机验证。

已知 $f(x)=\begin{cases}-x, & x<0\\ 0, & x=0\\ x^2, & x>0\end{cases}$，编程实现输入和输出。

程序源代码

```
#include < stdio. h >
int main ( )
{
    float x;
    printf( " 请输入一个数：" );
    scanf( " % f,&x);
    if( x <0 );
        printf( " f( %. 0f) = %. 2f\n" ,x, - x);
    else if( x =0)
        printf( " f(0) =0\n" );
    else
        printf( " f( %. 0f) = %. 2f\n" ,x,x * x);
    return 1;
```

}

____

____

____

2. 阅读下列程序，完善程序并确保正确运行并上机验证。

（1）编程判断从键盘输入的一个数是否既是5的倍数又是7的倍数，如果是则输出“yes”，否则，输出“no”。

程序源代码

```
#include <stdio.h>
int main ( )
{
    int x;
    Printf("请输入一个整数：");
    scanf("%d",&x);
    ________________
        printf("yes\n");
    ________________
        printf("no\n");
    return 1;
}
```

（2）从键盘输入一个字符，如果是大写字母，转换成小写字母，如果是小写字母，转换成大写字母，如果是数字，转换成该数的平方。否则原样输出。

程序源代码

```
#include <stdio.h>
int main ( )
{
    char ch;
    printf("请输入一个字符：");
    ch = getchar ( );
    ________________            //判断是否是大写字母
        putchar(ch +32);
    ________________            //判断是否是小写字母
        ________________            //转换成大写字母输出
    ________________            //判断是否是数字
    {
        int x;
        x = ch - '0';
        printf("%d\n",x * x);
    }
```

```
    ____________________        //是否是其他字符
        printf("输入的是其他字符!\n");
    return 1;
}
```

(3) 下列代码是实现一个投票表决器的功能，输入 Y 或 y，输出：同意；输入 N 或 n，输出：反对，输入其他则输出：弃权。

程序源代码

```
#include <stdio.h>
int main ()
{
    char ch;
    printf("请输入一个字符：");
    ch = getchar ();
    ____________________
    {
        case 'Y':
        case 'y':
            printf("同意\n");
            ________________
        case 'N':
        case 'n':
            printf("反对\n");
            ____________________
        ____________________
            printf("弃权\n");
    }
    return 1;
}
```

3. 写出下列程序的运行结果并上机验证。

(1) 以下程序运行后的输出结果是____________________

```
#include <stdio.h>
int main ()
{
    int a = -1,b =3,c =3;
    int s,w =0,t =0;
    if(c >0)s =a +b;
    if(a <=0)
        if(b >0)
        if(c <=0)
```

```
            w = a - b;
        else if(c >0)
            w = a - b;
        else
            t = c;
        printf("%d ,%d,%d\n",s,w,t);
        return 1;
    }
```

(2) 以下程序运行后的输出结果是__________________

```
#include <stdio.h>
int main ()
{
    int a =1,b =2,c =3;
    if(c =a)
        printf("%d\n",c);
    else
        printf("%d\n",b);
    return 1;
}
```

4. 按要求完成以下各题。

(1) 一般来说，在良好的营养状态下，子女与父母身高遗传的相关系数为0.75，从父母的身高可以一定程度上预测子女未来所能达到的身高。

设 faHeight 为其父身高，moHeight 为其母身高，身高预测公式为：

男性成人时身高 =(faHeight + moHeight) ÷2 × 1.08cm

女性成人时身高 =(faHeight ×0.923 + moHeight) ÷ 2cm

此外，孩子身高还与体育锻炼、激素、营养等后天因素有关，如果经常进行体育锻炼，那么可增加身高2%；如果营养均衡，那么可增加身高1.5%。

输入用户的性别（用字符型变量 sex 存储，输入字符 F 表示女性，输入字符 M 表示男性）、父母身高（用实型变量存储，faHeight 为其父身高，moHeight 为其母身高）、是否经常进行体育锻炼（用字符型变量 sports 存储，输入字符 Y 表示经常，输入字符 N 表示不经常）、是否营养均衡（用字符型变量 diet 存储，输入字符 Y 表示均衡，输入字符 N 表示不均衡），利用给定身高预测公式对身高进行预测。

要求：①利用 visio 绘制程序流程。②利用 if 语句实现不同条件下身高的计算。

输入输出示例

F,170,160,Y,Y

女孩身高：164cm

(2) 从键盘上输入三个整数，让它们代表三条线段的长度，请编写一个判断这三条线段所组成的三角形属于什么类型（不等边，等腰，等边或不构成三角形）的 C 程序。

输入输出示例

3,4,5

3，4，5 三边能构成不等边三角形

（3）输入一个三位数，若此数是水仙花数输出“我是水仙花”，否则输出“我不是水仙花”，若输入值不是三位数，则输出“data error”。所谓水仙花数是一个三位数，组成这个三位数的三个数字的立方和与这个三位数相等，例：$153 = 1^3 + 5^3 + 3^3$。

输入输出示例

153

153 是水仙花

（4）猜数游戏：编程先由计算机“想”一个 1 ~ 100 的数请人猜，如果人猜对了，则计算机给出提示“Right!”，否则提示“Wrong!”，并告诉人所猜的数是大（too high）还是小（too low），然后结束游戏。要求每次运行程序时机器所“想”的数不能都一样。

使用 <time. h> 库函数中的 srand ( ) 函数为 rand ( ) 设置随机数，方法为：srand(time (NULL))；

编程控制计算机产生指定范围的随机数：利用求余运算 rand ( ) % b 将函数 rand ( ) 所产生的数变化到 0 ~ (b - 1)；利用 rand ( ) % b + a 运算将随机数取值范围定位［a，a + b - 1］。那么 1 ~ 100 的随机数可以这样处理：rand ( ) % 100 + 1。

（5）点的编号与坐标如图 5 - 9 所示，编写程序输入一个点的编号，计算并输出该点的邻居的个数。

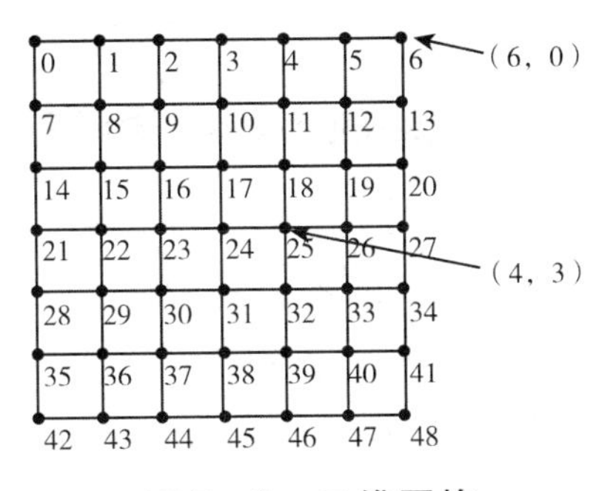

图 5 - 9　二维网格

输入输出示例

13

13 的邻居有 3 个

四、实验思考题

1. switch 语句中的 default 语句可以省略吗？switch 语句和 if 语句可以互相转换吗？请用 switch 语句改写理论教程中的示例。

2. if 语句可以嵌套，嵌套的 if 语句中 if 与 else 的匹配规则是什么？

实验 6

循环结构程序设计

一、实验目的及要求

1. 熟练掌握 for 语句、while 语句、do-while 语句实现循环的方法。
2. 理解循环嵌套及其使用方法。
3. 掌握 break 语句与 continue 语句的使用。
4. 掌握程序流程的绘制方法。

二、实验背景知识

1. 循环结构：while 语句。while 的一般形式如下所示：

```
初始化循环计数器
while(循环计数器的测试条件)
{
    语句;
    ……;
    循环计数器运算;
}
```

关于 while 循环体，请注意以下几点：

(1) 只要 while 内的测试条件为真，循环体内部的语句就会一直执行。当条件为假时，退出循环，执行循环体外下面的第一条语句。循环测试条件可以是任何有效的表达式。

(2) 循环测试条件可以是关系表达式或逻辑表达式。

(3) 若循环体内只有一条语句，可以省略花括号。

(4) while 循环的测试条件要能够为假，否则循环会一直执行下去，变成死循环。

(5) 循环计数器的值可以递增，也可以递减。

(6) 循环计数器的值不一定必须是整型值，还可以是浮点类型的值，递增或递减的值可以是任意的其他值，不一定是 1。

break、continue 和 goto 语句都用于流程控制。其中，break 语句用于退出 switch 或一层循环结构，continue 语句用于结束本次循环、继续执行下一次循环，goto 语句无条件转移到标号所标识的语句去执行。当需要结束程序运行时，可以调用 exit ( ) 函数来实现，该函数包含在头文件“stdlib. h”中。

[示例 6－1] 编写程序，判断一个数是否为素数（素数是指只能被 1 和它自己整除的数）。

分析：测试一个数是否是素数，即用该数整除以从 2 到小于该数的所有数。如果余数为 0，则该数就不是素数。如果整除的结果没有一个为 0，则这个数就是素数。程序流程和程序代码分别如图 6－1 和图 6－2 所示。

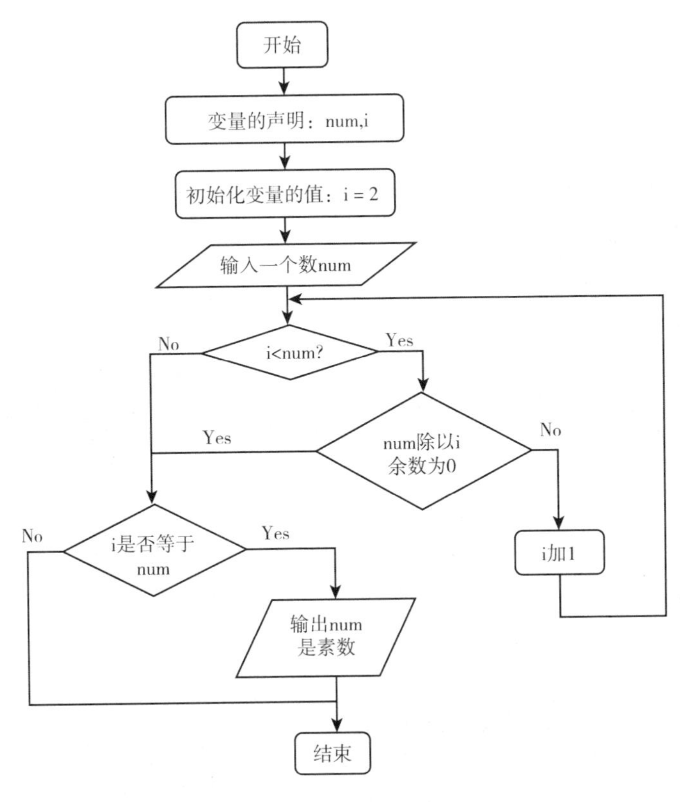

图 6－1　程序流程

2. 循环结构：do-while 语句。do-while 语句在循环底部进行循环条件测试，因此，do-while 循环至少执行一次。do-while 的一般形式如下所示：

```
初始化循环计数器;
do
{
    语句;
    ……;
    循环计数器运算;
```

}while(循环计数器的测试条件);

请同学们根据［示例6－1］的要求，利用do-while循环语句，重新画出［示例6－1］的程序流程，并编程实现。

3. 循环结构：for语句。喜欢while循环的程序员不多，大多数程序员都喜欢用for循环，因为for循环是最通用的循环。for循环可以在一行中完成3件事：初始化循环计数器；循环条件判断；增加循环计数器的值。

for语句的通用形式如下：

```
for(初始化循环计数器;循环条件判断;增加循环计数器的值)
{
    语句1;
    语句2;
    ……;
}
```

程序源代码如图6－2所示。

```
#include<stdio.h>
intmain ( )
{
    intnum,i;
    printf ( "请输入一个数：" ) ;
    scanf ( "%d",&num ) ;

    i=2;
    while ( i<num )
    {
        if ( num%i==0 )
        {
            printf ( "%d 不是素数\n", num ) ;
            break;
        }
        i++;
    }
    if ( i==num )
        printf ( "%d 是素数\n", num ) ;
    return1;
}
```

图6－2　程序源代码

［示例6－2］ 编写程序，用for循环输出ASCII字符（0～127）和ASCII扩展字符（128～255）。

分析： 编号在128～255的是扩展的编码，原本就不是作为显示用的，编码在127以上的都显示为“?”。

通常情况下出现这个问题的原因是控制台使用了中文代码页，要显示扩展ASCII码，则将执行这个程序的控制台的代码页改为：437（OEM－美国），即可！

设置DOS窗口的默认代码页为美国而不是简体中文的方法是：右键单击DOS窗口的标

题栏，在弹出菜单中选择“默认值”，修改默认代码页为“437（OEM－美国）”，就可以了。

程序源代码如图6－3所示。

```
#include<stdio.h>
intmain ( )
{
    intch;
    for ( ch=0; ch<=255; ch++ )
    {
        printf ( "%d%c\n", ch, ch ) ;
    }
    return1;
}
```

图6－3　程序源代码

下面来了解for语句执行上述问题的过程。

（1）当for语句第一次执行时，计算器变量ch的值初始化为0。

（2）接着对条件ch≤255进行判断。由于ch的值为0，条件满足，第一次执行循环体。

（3）当到达for循环的结束花括号时，控制返回到for语句，此时ch的值加1。

（4）再对条件进行判断，看ch的值是否超过了255。

（5）如果ch的值小于或等于255，则再次执行for循环花括号内的语句。

（6）如此循环，直到ch的值超过了255。

（7）当ch的值为256时，控制会退出循环体，转移到紧随for循环体花括号后面的语句（如果有的话）。

三、实验内容及步骤

1. 改正下列程序的错误，并将错误代码对应的行号及正确代码写在横线上，并上机验证。

输入一个正整数，求下列公式的和（保留4位小数）

$$e = 1 + \frac{1}{1!} + \frac{1}{2!} + \frac{1}{3!} + \cdots + \frac{1}{n!}$$

源程序

```
#include < stdio. h >
int main ( )
{
    double e,item;
    int i,j ,n;
    printf( "请输入 n：" ) ;
    scanf( " % d" ,&n) ;
```

```
    e = 0;
    item = 1;
    for(i = 1;i <= n,i ++ );
    {

        for(j = 1;j <= n;j ++ )
            item = item * j;
        e = e + 1.0/item;
    }
    printf("e = %.4f\n",e);
    return 1;
}
```

正确程序的运行结果

请输入 n：10

e = 2.7183

____

____

____

2. 按要求完成下列各题，并上机编程验证。

（1）源程序代码。

```
#include <stdio.h>
int main ()
{
    int i;
    for(i = 0;i < 3;i ++ )
    {
        switch(i)
        {
            case 0:
                printf("%d",i);
            case 2:
                printf("%d",i);
            default:
                printf("%d",i);
        }
    }
    return 1;
}
```

程序运行后的输出结果是________

（2）程序段所表达的意思是：____________________。

```
while((ch = getchar())! ='N')
    printf("%c",ch);
```

（3）程序的输出结果是____________________。

源程序代码

```
#include <stdio.h>
int main()
{
    int i,n=0;
    for(i=2;i<5;i++)
    {
        do
        {
            if(i%3)
                continue;
            n++;
        }
        while(!i);
        n++;
    }
    printf("n=%d\n",n);
    return 1;
}
```

3. 在下列横线上填入一条语句，使程序能够正确运行并上机验证。

（1）输入一组整数，统计其中奇数和偶数的个数，直到遇到回车为止。

```
#include <stdio.h>
int main()
{
    char c;
    int x,odd_Num=0,even_Num=0;          //分别表示输入变量,奇偶数统计变量
    do{
            ____________________
            ____________________
                even_Num++;
            else
            ____________________
    }____________________
    printf("偶数个数:%d,奇数个数:%d\n",even_Num, odd_Num);
    return 1;
```

```
}
```

输入输出示例

3 5 8 12 23 20 33

偶数个数：3，奇数个数：4

（2）一个数如果恰好等于它的因子之和，这个数就称为完数。例如，6 的因子是 1、2、3，6 =1 +2 +3，因此 6 是完数。编写程序找出 1000 之内的所有完数。

程序源代码

```
#include < stdio. h >
int main ( )
{
    int i ,j,fac;//fac,保存一个因子和的变量
    for(i = 1;i < 1000;i ++ )
    {
        ____________________          //7 至 12 行是求 i 的因子的和
        ____________________
        {
            if(i % j ==0)
                ____________________
        }
        if(i == fac)                  //判断是否为完数
        {
            printf("%d its factors are: ",i);
            for(j = 1;j < i;j ++ )        //输出每个因子
            {
                if(i % j ==0)
                    ____________________
            }
            ____________________          //控制输出格式
        }
    }
    return 1;
}
```

输出示例

6 its factors are：1 2 3

28 its factors are：1 2 4 7 14

496 its factors are：1 2 4 8 16 31 62 124 248

4. 编程题。

（1）先由计算机“想”一个 1 ~ 100 的数请人猜，如果人猜对了，则结束游戏，并在屏幕上输出人猜了多少次才猜对此数，以此来反映猜数者“猜”的水平；否则计算机给出提

示，告诉人所猜的数是太大还是太小，直到人猜对为止。

（2）编程先由计算机“想”一个1～100的数请人猜，如果人猜对了，则结束游戏，并在屏幕上输出人猜了多少次才猜对此数，以此来反映猜数者“猜”的水平；否则计算机给出提示，告诉人所猜的数是太大还是太小，最多可以猜10次，如果猜了10次仍未猜中的话，结束游戏。

（3）每个苹果0.8元，第一天买2个苹果，第二天开始，每天买前一天的2倍，直至购买的苹果数达到不超过100个。编写程序求每天平均花多少钱？

（4）输出半径为1～10的圆面积，当面积大于100时停止，用循环语句实现。

（5）编写程序，判断从键盘输入的年份是否为闰年。

说明：普通年能被4整除且不能被100整除的为闰年；世纪年能被400整除的是闰年。

（6）编写程序，用for循环计算下面序列的前7个因子的和。

$$\frac{1}{1!}+\frac{2}{2!}+\frac{3}{3!}+\cdots$$

（7）为下面的各功能选项编写一个菜单驱动程序：①整数的阶乘；②素数的判断；③奇偶数判断；④退出。

一旦选中了某个菜单项，就执行相应的操作。操作完成后，菜单应重新显示。除非选择了“退出”选项，否则程序应该继续工作。

四、实验思考题

1. for循环、while和do-while循环可以相互转换吗？请编写3个程序，分别用for循环、while和do-while实现1～100的偶数和。

2. 二进制、八进制、十六进制数可以相互转换吗？请说明它们之间相互转换的思路，并编程实现十进制1～255转换为十六进制。

实验 7

数　组

一、实验目的及要求

1. 掌握数组定义的规则。
2. 掌握 C 语言数组的基本用法。
3. 掌握数组的应用。
4. 使用数组解决实际问题。

二、实验背景知识

1. 数组声明。

数组声明：存储类型 数据类型 数组名 [整数 1] [整数 2]……[整数 n]；如 int a [10]。

注意事项：

（1）数组大小必须是常量表达式（常量或符号常量），其值必须为正，不能为变量。

（2）数组一旦声明，不能改变大小。

（3）数组大小最好用宏来定义，以适应未来可能的变化，如：

```
#define SIZE 10
int a[SIZE];
```

2. 一维数组。用一个下标确定各元素在数组中的顺序，可用排列成一行的元素组来表示，如 int a [5]，表示 a 是整型数组，有 5 个整型元素，分别为 a[0]，a[1]，a[2]，a[3]，a[4]。声明数组后，数组中所有元素都有编号，从 0 开始。

3. 二维数组。用两个下标确定各元素在数组中的顺序，可用排列成 i 行、j 列的元素组来表示。如 int b [2] [3]，表示一个整型的二维数组，有 2 行 3 列。

4. 数组的初始化。数组定义后的初值仍然是随机数，一般需要来初始化。如：

```
int a[5] = {12,34,56 ,78 ,9};
int a[5] = {0};
```

```
int a[ ] = {11,22,33,44,55}。
int a[3][2] = {
                    {1,3},
                    {5,7},
                    {9,11}
                };
```

5. 数组的访问。声明数组后，访问数组中的单个元素，通过下标，即数组名后面的方括号里的数字，它代表了元素在数组中的位置。如 a［3］，表示的是数组中的第 4 个元素，而不是第 3 个元素。

二维数组的访问也是通过下标来实现，如 a［2］［2］，表示是数组中第 2 行、第 2 个元素，详见［示例 7－2］。

［示例 7－1］ 编写程序，计算一个班的 10 名学生在一次测验中的平均成绩

```
#include <stdio.h>
int main ( )
{
    int sum =0,i;
    int scores[10];
    printf("请输入成绩,按回车:");
    for(i =0;i <=9;i ++)
    {
        scanf("%d",&scores[i]);
    }
    for(i =0;i <=9;i ++)
    {
        sum = sum + scores[i];
    }
    printf("平均成绩:%d",sum/10);
    return 1;
}
```

［示例 7－2］ 编写程序，保存学生的学号及其对应的成绩

```
#include <stdio.h>
int main ( )
{
    int stu[4][2];
    int i;
    printf("请输入学号和成绩,学号和成绩中间用空格隔开:\n");
    for(i =0;i <=3;i ++)
    {
        scanf("%d %d",&stu[i][0],&stu[i][1]);
```

```
    }
    printf("学号\t 成绩\n");
    for(i=0;i<4;i++)
    {
        printf("%d\t%d\n",stu[i][0],stu[i][1]);
    }
    return 1;
}
```

6. 字符与字符串使用时的区别。

（1）字符串使用双引号，双引号内可以有 0 个或多个字符，也是 C 语言中除注释外，唯一可以出现中文的地方。

（2）C 语言中的字符串是以'\0'为结束标志。

（3）C 语言中的字符使用 char 来表示其类型并采用 ASCII 码编码方式，但 C 语言并没有为字符串提供任何专门的表示法，完全使用字符数组和字符指针来处理。

[**示例 7－3**] 字符和字符串的定义

```
#include <stdio.h>
int main()
{
    char ch='a';
    char s[20]="I am string";
    printf("I am a char %c ,%s\n",ch,s);
    return 1;
}
```

[**示例 7－4**] 字符数组结束标志\0 的用法

```
#include <stdio.h>
int main()
{
    char name[]="Milkygrain";
    int i=0;
    while(name[i]!='\0')
    {
        printf("%c",name[i]);
        i++;
    }
    return 1;
}
```

程序输出结果为：Milkygrain。

7. 字符数组与字符串的关系。

（1）字符数组：每个元素都是字符类型的数组。

（2）字符数组的定义和初始化。

定义：char 数组名［size］；//若定义时初始化，则 size 可不写出，否则给出其值。

方法 1：逐个字符赋初值。

例如：char ch[5] = {‘H’, ’e’, ‘l’, ‘l’, ‘o’ };

内存分配简图见图 7－1。

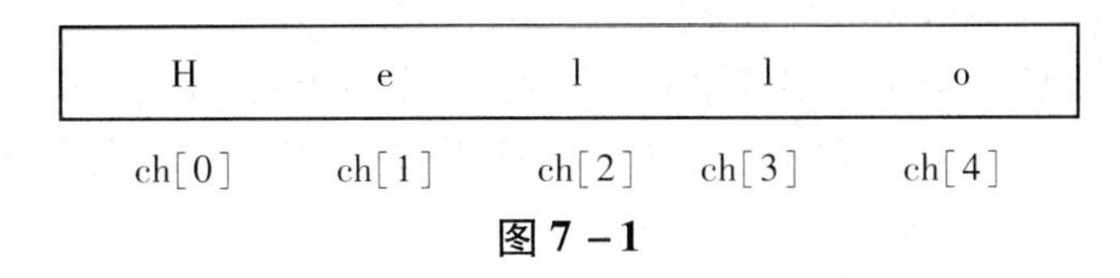

图 7－1

方法 2：字符串常量赋初值。

例如：char ch[6] = {"Hello"};

char ch[6] = "Hello";

char ch[ ] = "Hello";

内存分配简图见图 7－2。

H	e	l	l	o	\0
ch[0]	ch[1]	ch[2]	ch[3]	ch[4]	ch[5]

图 7－2

注意：

① 一个字符型的一维数组并不一定是一个字符串，只有当字符型一维数组中的最后一个元素为'\0'，它才构成字符串。

② 采用字符串常量赋值时，为了用字符数组来存储长度为 N 的字符串，数组长度至少为 N＋1，其中前 N 个元素存放字符串的实际字符，最后一个元素存放字符串结束标志 \ 0。

8. 字符数组的输入/输出。

（1）按 c 格式符（%c）逐个字符单独输入/输出，需要使用循环结构。

例如：char str[10];int I;

for(i=0;i<10;i++)

scanf("%c",&str[i]);//采用下标法

对于字符串输出操作，注意循环判断条件应当为 str［i］是否为'\0'。

（2）按 s 格式符（%s）将字符串作为一个整体输入/输出。

例如：字符串输入用： scanf（"%s"，str）;

字符串输出用： printf（"%s"，str）;

注意：

① 字符数组名本身代表该数组存放的字符串的首地址，故用 scanf 的%s 格式输入字符串时，字符数组名的前面不能再加取地址运算符 &，其后也不需要用方括号指明下标。

② 输入字符串时应确保输入的字符串长度不超过数组所能容纳的空间大小。

③ 空格、回车或跳格符（Tab）作为按%s 格式输入字符串的分隔符，因而不能被读

入，输入遇到这些字符时，系统认为字符串输入结束。

（3）用字符串处理函数 gets ( ) 或 puts ( ) 输入/输出一个字符串。

例如：字符串输入用：　　gets(str);

　　　字符串输出用：　　puts(str);

9. 字符串处理函数。C 语言在 <string.h> 中定义了若干专门的字符串处理函数。

（1）字符串复制　　strcpy（字符数组 1，字符串 2）。

（2）求字符串长度　strlen（字符串）；注意：回字符串的实际长度，不包括'\0'。

（3）字符串连接　　strcat（字符数组 1，字符串 2）；结果存放在字符数组 1 中。

（4）字符串比较　　strcmp（字符串 1，字符串 2）。

[示例 7－5] strcpy ( ) 函数的应用

```
#include <string.h>
int main ( )
{
    char source[  ] = "C Language";
    char target[20];
    strcpy(target,source);
    printf("source string: %s \n",source);
    printf("target string:%s \n",target);
    return 1;
}
```

10. 二维字符数组。

[示例 7－6] 查找你的名字是否在字符数组中

```
#include <string.h>
#define FOUND 1
#define NOTFOUND 0
void main ( )
{
    char NameList[ ][10] =
        {"NumOne","NumTwo","NumThree","NumFour","NumFive","NumSix"};
    int i,flag,a;
    char yourname[10];
    printf("请输入你的名字:");
    scanf("%s",yourname);
    flag = NOTFOUND;
    for(i =0;i <=5;i ++)
    {
        a = strcmp(&NameList[i][0],yourname);
        if(a ==0)          // 匹配
        {
```

```
            printf("欢迎%s 的光临!",yourname);
            flag = FOUND;
            break;
        }
    }
    if(flag == NOTFOUND)
        printf("对不起,没有邀请你参加!");
}
```

三、实验内容及步骤

1. 上机调试下列程序，并将错误代码对应的行号及正确代码填写在横线上。

（1）输入一个正整数 n（0 < n < 9）和一组 n 个有序的整数，再输入一个整数 x，把 x 插入到这组数据中，使该组数据依然有序。

源程序代码

```
#include <stdio.h>
int main ()
{
    int i,j,n,x,a[n];
    printf("请输入数据的个数 n:");
    scanf("%d",&n);
    printf("请输入%d 个整数:",n);
    for(i=0;i<n;i++)
        scanf("%d",&a[i]);
    printf("请输入要插入的整数:");
    scanf("%d",&x);
    for(i=0;i<n;i++)
    {
        if(x>a[i])
            continue;
        j=n-1;
        while(j>=i)
        {
            a[j]=a[j+1];
            j++;
        }
        a[i]=x;
        break;
```

```
    }
    if(i == n)
        a[n] = x;
    for(i = 0;i < n + 1;i ++)
        printf("%d ",a[i]);
    printf("\n");
    return 1;
}
```

改正后的程序运行结果

请输入数据的个数 n：5

请输入 5 个整数：1 5 7 9 12

请输入要插入的整数：8

1 5 7 8 9 12

请将错误代码行编号及正确代码填写在下列横线上

____

____

____

（2）输入一个以回车键结束的字符串（少于 80 个字符），将它们内容逆序输出。

源程序代码

```
#include <stdio.h>
int main ()
{
    inti = 0,j;
    char str[ ],temp;
    printf("请输入一个字符串:");
    while((str[i] = getchar ())! = '\n')
        i ++;
    str[i] = '\0';
    j = i - 1;
    for(i = 0;i < j;i ++)
    {
        temp = str[i];
        str[i] = str[j];
        str[j] = temp;
        j ++;;
    }
    for(i = 0;str[i]! = '\n';i ++)
        printf("%c",str[i]);
    printf("\n");
```

```
    return 1;
  }
```

改正后的程序运行结果

请输入一个字符串：I am china!

! anihc ma I

请将错误代码行编号及正确代码填写在下列横线上

____

____

____

2. 按要求完成下列各题，并上机编程验证。

（1）源程序代码。

```
#include < stdio. h >
int main ( )
{
    int a[5] = {5,1,15,20,25};
    int i,j,k = 1,m;
    i =   ++a[1];
    j = a[1] ++;
    m = a[i ++];
    printf(" \n %d,%d,%d\n",i,j,m);
    return 1;
}
```

程序运行后的输出结果是__________________

（2）源程序代码。

```
#include < stdio. h >
int main ( )
{
    printf("%d,%d,%d\n",sizeof('3'),sizeof("3"),sizeof(3));
    return 1;
}
```

程序运行后的输出结果是__________________

（3）源程序代码。

```
#include < stdio. h >
int main ( )
{
    int a[3][3] = {0,1,2,0,1,2,0,1,2},i,j,t = 1;
    for(i = 0;i < 3;i ++)
        for(j = 1;j < = i;j ++)
            t + = a[i][a[j][i]];
```

```
    printf("%d\n",t);
    return 1;
}
```

程序运行后的输出结果是____________________

（4）源程序代码。

```
#include <stdio.h>
int main ()
{
    int a=5,b[10],c,i=0;
    while(a!=0)
    {
        c=a % 2;
        a=a/2;
        b[i]=c;
        i++;
    }
    for(;i>0;i--)
        printf("%d",b[i-1]);
    printf("\n");
    return 1;
}
```

程序运行后的输出结果是____________________

3. 在下列横线上输入一条语句，使程序能够正确运行，并上机验证。

（1）输入一个正整数 n（1 < n≤10），再输入 n 个整数，输出最大值及其对应的最小下标。

源程序代码

```
#include <stdio.h>
int main ()
{
    int n,a[10],max,i,j;
    printf("请输入 n：");
    scanf("%d",&n);
    printf("请输入%d 个数：",n);
    for(i=0;i<n;i++)
        scanf("%d",&a[i]);
    ____________________
    for(i=1;i<n;i++)
    {
        ____________________
```

```
        {
            ____________________
            ____________________
        }
    }
    printf("最大值为：%d ,其下标为：%d\n",max,j);
    return 1;
}
```

输入输出示例

请输入 n：5

请输入 5 个数：12 2 43 21 33

最大值为：43 ，其下标为：2

（2）输入一个正整数 n（1≤n≤6），再输入 n 阶方阵 a，计算该矩阵除副对角线、最后一列和最后一行以外的所有元素之和。副对角线为从矩阵右上角至左下角的连线。

源程序代码

```
#include <stdio.h>
int main ( )
{
    int n,a[6][6],sum=0,i,j;
    printf("请输入 n：");
    scanf("%d",&n);
    printf("请输入%d※%d 的方阵\n",n,n);
    for(i=0;i<n;i++)
    {
        for(j=0;j<n;j++)
            ____________________
    }
    for(i=0;i<n;i++)
        ____________________
            ____________________
    printf("sum=%d\n",sum);
    return 1;
}
```

输入输出示例

请输入 n：4

请输入 4×4 的方阵

2 3 1 4

1 5 1 6

6 1 7 1

```
2   2   2   2
sum = 18
```

（3）输入一个以回车键结束的字符串（少于 80 个字符），把字符串中的所有数字字符 '0' - '9' 转换为整数，去掉其他字符。

源程序代码

```
#include < stdio. h >
int main ( )
{
    int i = 0, digit = 0;
    char str[ 80 ];
    printf( "请输入包含数字的字符串\n" );
    ______________________            //读入字符串
        i ++ ;
    __________________
      for( i = 0; str[ i ] !  = '\0'; i ++ )
            __________________
                __________________
    printf( "%d\n", digit);
    return 1;
}
```

输入输出示例

```
请输入包含数字的字符串
Build1your909dream9
8207
```

4. 编程题。

（1）已知一个数组 a 大小为 20 个元素，用随机函数生成 20 个不同的 2 位整数填充该数组，再将该数组元素从小到大排序。现要求任意输入一个 2 位整数，要求将该数插入数组中合适的位置，使得这个数组中的 21 个元素仍然按照从小到大的顺序排列，并将数组按下标顺序输出。

（2）输入一个正整数 n（$1 \leqslant n \leqslant 6$）和 n 阶方阵 a 中的元素，假设方阵 a 最多有 1 个鞍点，如果找到 a 的鞍点，就输出其下标，否则输出“No”。所谓鞍点，就是其元素在该行上最大，在该列上最小。请编程实现上述问题。

（3）输入一个以回车符结束的字符串（少于 80 个字符），再输入一个字符，统计并输出该字符在字符串中出现的次数。请编程实现上述问题。

（4）从键盘输入两个字符串 str1 和 str2，然后：

① 分别求输出两个字符串的长度。

② 比较两个字符串的大小，若相等则输出“二者相等”，否则输出其中较大者。

③ 将 str1 连接到 str2 后输出结果。

④ 将 str2 复制到 str1 后输出结果。

请编程实现上述问题。

四、实验思考题

1. 如何定义使用一维字符数组和二维字符数组？二维字符数组的下标代表什么意思？请阅读［示例7-6］，并上机验证。

2. 数组的大小可以用宏定义确定吗？在C语言中能否通过变量设置动态改变数组的大小？判断下列数组的定义方式是否正确。

（1）
```
main ()
{
    int n;
    scanf("%d",&n);
    int a[n];
    ……
}
```

（2）
```
main ()
{
    const int n = 10;
    int a[n];
}
```

（3）
```
#include <stdio.h>
#define M 10
main ()
{
  int a[M];
}
```

（4）
```
main ()
{
    int a[2 + 2 * 4];
}
```

（5）
```
#include <stdio.h>
#define M 2
#define N 8
main ()
{
    int a[M + N];
}
```

实验 8

函　数

一、实验目的及要求

1. 掌握定义函数的方法及函数的调用过程（函数的调用格式、调用方式及被调用函数的使用说明）。

2. 掌握函数实参与形参的对应关系以及“值传递”的方式。

3. 掌握函数类型和返回值类型的一致性问题。

4. 掌握函数的嵌套调用和递归调用的方法。

5. 掌握全局静态变量、局部动态变量和静态变量的作用域和生存期。

二、实验背景知识

1. 函数的定义。函数定义的一般形式如下：

```
返回值类型　函数名(类型名　参数1,类型名　参数2,……)
{
    说明部分
    语句
}
```

[示例8-1] 编写函数，比较两个整型变量，并返回较小的值

```
int max(int a,int b)
{
    int m;
    m=(a>b)? a:b;
    return m;
}
```

说明：

(1) 函数名 max 和参数 a，b 都是自定义的标识符，必须满足标识符的命名规则。

（2）函数可以没有返回值，此时应定义返回值类型为 void。

（3）函数可以没有参数列表。

（4）函数体可以为空，如 draw（）{}；空函数没有任何实际意义，在程序中多用于功能的扩充。

（5）不能在函数中定义函数，即函数不能嵌套定义。

2. 函数声明。

返回类型　函数名(类型名,类型名,……)

或　返回类型　函数名(类型名 参数1,类型名 参数2,……)

［**示例 8-2**］函数的声明

```
int min(int x,int y);
int max(int ,int);
```

函数声明中的参数名称可以和函数定义中的参数名不同。但声明中的返回值类型必须与定义中的一致。为了增强程序的可读性，建议使用带参数的函数声明方式。

3. 函数的参数。

形参：子函数（被调函数）内部准备接受数据的参数叫形参。形参必须指定类型。形参在函数被调用前不占内存；函数调用时为形参分配内存；调用结束，内存释放。

实参：调用者提供的参数叫实参，实参是实际参与运算的数据，实参必须有确定的值。

［**示例 8-3**］参数的值传递

```
#include <stdio.h>
void swap(int a,int b);          //函数的声明,a 和 b 是形参
int main ()
{
    int i,j;
    i=1;j=2;
    printf("交换前 i=%d,j=%d\n",i,j);
    swap(i,j);          //调用函数 swap,i,j 是实参
    printf("交换后 i=%d,j=%d\n",i,j);
    return 1;
}
void swap(int a,int b)
{
    int t;
    t=a;a=b;b=t;
    printf("swap 函数中的交换后 a=%d,b=%b\n",a,b);
}
```

程序输出结果：

```
交换前 i=1,j=2
swap 函数中的交换后 a=2,b=1
交换后 i=1,j=2
```

可以看出，调用 swap 函数交换了形参 a，b 的值，却没有交换实参 i，j 的值。

注意：

（1）实参可以是常数、表达式或函数。

（2）实参与形参的类型必须相同或赋值兼容。

（3）实参对形参的数据传递是值传递，只能由实参传递给形参，而不能由形参回传给实参。而且在内存中，形参与实参占用不同的内存单元，因此形参的改变并不影响实参。

4. 函数的调用。

（1）函数调用的形式。

函数名(实参表);

（2）函数调用的实质。

① 程序执行流程转向由函数名指定的被调用函数。

② 实参数一一对应地传递（赋值或拷贝）给函数定义中的形参。

③ 执行函数定义中的函数体。

④ 执行结束，通过 return 语句将值返回到调用处；对于无返回值函数程序流程直接返回到调用处；

⑤ 程序执行流程返回调用处，执行后面的语句。

（3）有返回值函数调用。

① 放到一个数值表达式中，如 c = max(a,b)。

② 作为另一个函数调用的参数，如 c = max(max(a,b),c);

printf("%d\n",max(a,b))。

（4）无返回值函数的调用。

函数调用表达式，单独一行使用，如 display(a,b)。

[**示例 8-4**] 编写函数 LtoU(a)，将任意字符 a 转换为大写字母。字符 a 从键盘输入，以#作为输入结束标志。转换后输出 a。程序流程和源码分别如图 8-1、图 8-2 和图 8-3 所示。

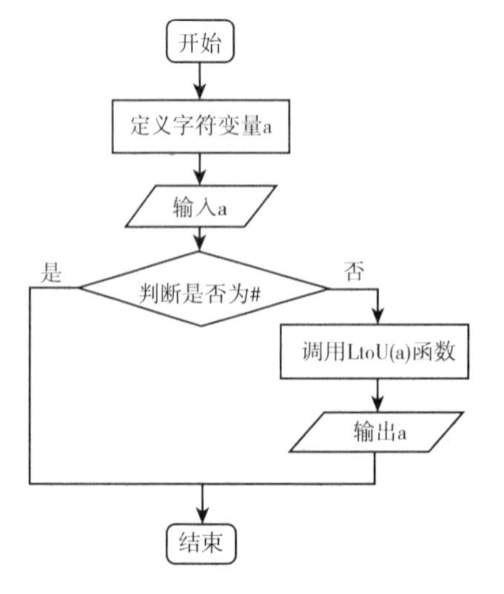

图 8-1　程序流程

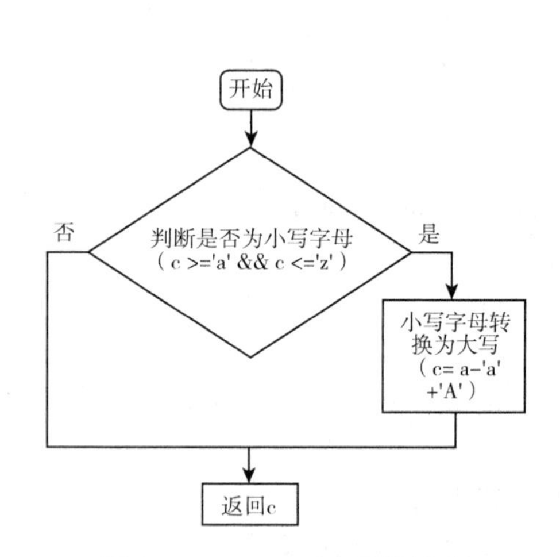

图 8-2　LtoU()函数流程

```
#include<stdio.h>
char LtoU(char c);        //函数的声明
int main ( )
{
      chara;
      while ( (a=getchar ( ) ) !='#' ) //键盘输入一个字符,并判断是否为#
      {
            a=LtoU ( a ) ;             //调用函数，并将返回值赋给a
            putchar ( a ) ;            //输出字符
      }
         return1;
}
char LtoU ( char c )              //函数的定义
{
      if ( c>='a'&&c<='z' )              //判断是否为小写
            c=c-'a'+ 'A' ;               //转换为大写
      return c;                          //返回大写字母
}
```

图 8-3 ［示例 8-4］程序源码

5. 函数的嵌套调用。被调用的函数又调用另外一个函数，即为嵌套调用。但函数不能嵌套定义。

6. 函数的递归调用。采用递归方法求解一个问题，该问题必须满足以下条件：

（1）可以把要求解的问题转化为新的问题，而且新问题的解法与原问题相同。

（2）必须有一个明确的结束递归的条件。

［示例 8-5］用递归方法求 n!

n! 数学关系表示如下：

$$n! = \begin{cases} 1 & n=0 \\ n(n-1)! & n>1 \end{cases}$$

当 $n>0$ 时，n! 可以转化为求 n（n-1）! 的新问题，且求解方法相同；终止递归条件是 $n=0$，n! 问题满足递归求解的要求。程序流程如图 8-4 和图 8-5 所示。程序源码如图 8-6 所示。

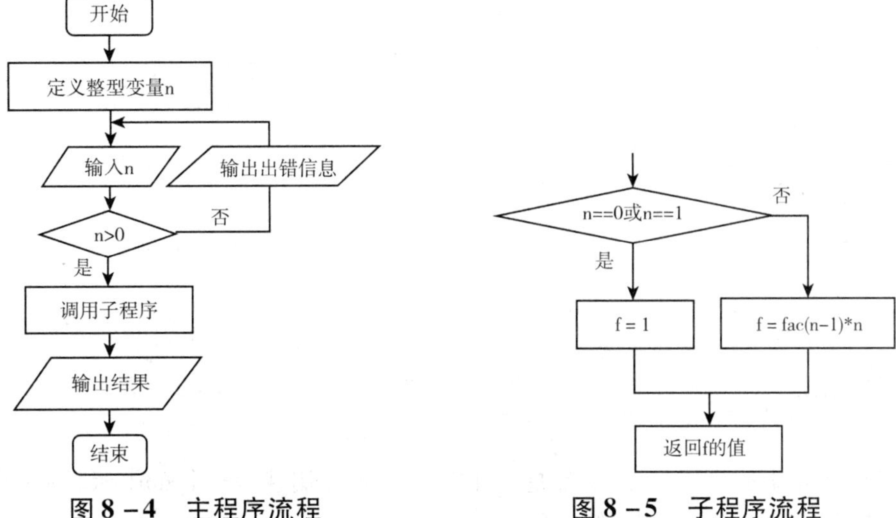

图 8-4 主程序流程　　**图 8-5 子程序流程**

```
#include<stdio.h>
int factorial（intn）
{
    if（n==1||n==0）            //递归终止条件
        return1;
    else
        return n*factorial（n-1）;           //调用n（n-1）!，求n!
}
int main（）
{
    int n=-1,fac;
    while（n<0）{
        printf（"请输入要计算的n："）;
        scanf（"%d",&n）;
        if（n<0）
            printf（"输入的数据不合理！"）;
    }
    fac=factorial（n）;
    printf（"%d!=%d\n",n,fac）;
    return1;
}
```

图 8－6　求 n！的程序源码

7. 变量的作用域。

（1）局部变量作用域和生存期。局部变量是定义在函数内部或复合语句内部定义的变量。在此之外不能使用。

［示例 8－6］变量的作用域

```
int fun1(int i)
{
    ……
}
int fun2()
{
    int j;
    if(j>0)
    {
        int k;
        ……
    }
    ……
}
```

［示例 8－6］中的变量 i，j，k 都是局部变量。i 的作用域是整个 fun1 函数；j 的作用域是整个 fun2 函数；k 的作用域是整个 if 子句。

说明：

① 形参都是局部变量。

② 不同函数之间可以使用同名的局部变量。

（2）全局变量作用域和生存期。在函数外部定义的变量，它的作用范围是从定义位置到源文件结束，因此成为全局变量。全局变量实际上是在函数之间增加了一种数据传递的方式。但是，任何一个函数中都可以改变全局变量的值，从而影响到其他函数，要小心使用全局变量。

如果函数内部的局部变量和函数外的全局变量重名，则在函数内被访问的是局部变量，全局变量被屏蔽掉。

引用一个已定义的全局变量，用 extern，如 extern int k。

[**示例 8－7**] 全局变量和局部变量重名时的函数访问方式

```
#include <stdio.h>
int x =10;                    //全部变量
void display ( );             //函数的声明
int main ( )
{
    int x =20;                //局部变量,与全局变量同名
    printf( "\n% d" ,x);      //输出的是局部变量的值
    display ( );              //函数的调用
    return 1;
}
void display ( )              //函数的定义
{
    printf( "\n% d" ,x);      //输出全局变量的值
}
```

程序的运行结果是：20
　　　　　　　　　10

（3）静态 static 变量作用域和生存期。用关键字 static 声明的变量称为静态变量，static 变量的存储单元被分配在静态存储区。它具有如下特征：

① 存储位置：内存。

② 默认初始值：0。

③ 作用域：限定在变量定义的源文件内有效。

④ 生存周期：在不同的函数调用之间，变量的值保持不变。

[**示例 8－8**] 比较图 8－7 中两个程序和它们的输出结果，理解自动存储类型和静态存储类型的不同。

```c
#include <stdio.h>
void increment( );
void main( )
{
      increment( );
      increment( );
      increment( );
}
void increment( )
{
      int i = 1;
      printf( "%d\n", i);
      i = i + 1;
}
```

```c
#include <stdio.h>
void increment( );
void main( )
{
      increment( );
      increment( );
      increment( );
}
      void increment( )
{
      static int i = 1;
            printf( "%d\n", i);
      i = i + 1;
}
```

以上程序段的输出结果如下：

1	1
1	2
1	3

图 8 -7

8. C 语言全局变量和局部变量几个问题的汇总。

（1）局部变量能否和全局变量重名？

答：能，局部会屏蔽全局。要用全局变量，需要使用“::”。

局部变量可以与全局变量同名，在函数内引用这个变量时，会用到同名的局部变量，而不会用到全局变量。对于有些编译器而言，在同一个函数内可以定义多个同名的局部变量，比如在两个循环体内都定义一个同名的局部变量，而那个局部变量的作用域就在那个循环体内。

（2）如何引用一个已经定义过的全局变量？

答：extern。

可以用引用头文件的方式，也可以用 extern 关键字，如果用引用头文件方式来引用某个在头文件中声明的全局变理，假定你将那个变量写错了，那么在编译期间会报错，如果你用 extern 方式引用时，假定你犯了同样的错误，那么在编译期间不会报错，而在连接期间报错。

（3）全局变量可不可以定义在可被多个 C 文件包含的头文件中？为什么？

答：可以，在不同的 C 文件中以 static 形式来声明同名全局变量。

可以在不同的 C 文件中声明同名的全局变量，前提是其中只能有一个 C 文件中对此变量赋初值，此时连接不会出错。

（4）static 全局变量与普通的全局变量有什么区别？static 局部变量和普通局部变量有什么区别？static 函数与普通函数有什么区别？

static 全局变量与普通的全局变量有什么区别：static 全局变量只初始化一次，防止在其他文件单元中被引用；

static 局部变量和普通局部变量有什么区别：static 局部变量只被初始化一次，下一次依据上一次结果值；

static 函数与普通函数有什么区别：static 函数在内存中只有一份，普通函数在每个被调用中维持一份拷贝。

（5）程序的局部变量存在于（堆栈）中，全局变量存在于（静态区）中，动态申请数据存在于（堆）中。

三、实验内容及步骤

1. 上机调试下列程序，并将错误代码对应的行号及正确代码填写在横线上。

使用函数求 1！+2！+…+10！。

源程序代码

```
#include <stdio.h>
double fact(int n)
int main ()
{
    int i;
    double sum;
    for(i=1;i<10;i++)
        sum=sum+fact(i);
    printf("1!  +2!  +…+10!  =%.0f\n",sum);
    return 1;
}
double fact(int n);
{
    int i;
    double res;
    for(i=1;i<=n;i++)
        fact(n)=fact(i-1)*i;


}
```

改正后的程序运行结果

1！+2！+…+10！=4037913

请将错误代码行编号及正确代码填写在下列横线上

____

____

____

____

____

2. 按要求完成下列各题，并上机编程验证。

（1）源程序代码。

```
#include < stdio. h >
int func( int  ,int) ;
int main ( )
{
    int k =4,m =1  ,p ;
    p = func( k,m) ;
    printf( "%d," ,p) ;
    p = func( k,m) ;
    printf( "%d\n" ,p) ;
    return 1;
}
int func( int a,int b)
{
    static int m =0,i =2;
    i + = m +1;
    m = i + a + b;
    return m;
}
```

程序运行后的输出结果是______________________

（2）源程序代码。

```
#include < stdio. h >
int fun( int a,int b)
{
    return a + b;
}
int main ( )
{
    int x =2,y =5,z =8,r;
    r = fun( fun( x,y) ,z) ;
    printf( "%d\n" ,r) ;
    return 1;
}
```

程序运行后的输出结果是______________________

（3）源程序代码。

```
#include < stdio. h >
long fib( int n)
{
```

```
    if(n>2)
        return fib(n-1)+fib(n-2);
    else
        return 2;
}
int main ()
{
    printf("%d\n",fib(3));
    return 1;
}
```

程序运行后的输出结果是____________________

3. 在下列横线上输入一条语句，使程序能够正确运行，并上机验证。

（1）编写一个函数 int fun（int s[ ]，int t），用来求出数组的最小元素在数组中的下标并返回该下标值。在函数 main 中随机生成一个 1～100 的整型数组，然后调用函数 fun，最后输出生成的数组和最小元素的下标值。

源程序代码

```
#include <stdio.h>
#include <stdio.h>
#include <stdlib.h>
#include <time.h>
#define len 10
____________________
int main ()
{
    int a[len],i,k;
    srand(time(NULL));
    for(i=0;i<len;i++)
    ____________________
    ____________________
    printf("生成的数组为:\n");
    for(i=0;i<len;i++)
        printf("%d ",a[i]);
    printf("\n");
    printf("最小元素的下标为: %d\n",k);
    return 1;
}
int fun(int s[ ],int t)
{
    int i,j,min;
```

```
    ____________________
    for(i=0;i<t;i++)
        if(s[i]<min)
        {
        ____________________
        ____________________
        }
        ____________________
}
```

（2）编写程序，随机生成一个由两位数组成的5行5列的矩阵，从每行中取出最大的数组成一个一维数组，并输出此二维数组和一维数组。

源程序代码

```
#include<stdio.h>
#include<stdlib.h>
#include<time.h>
void getMaxFromRow(int a[][5],int b[])
{
    int max,i,j;
    for(i=0;i<5;i++)
    {
    ____________________
        for(j=0;j<5;j++)
          if(a[i][j]>max)
    ____________________
    ____________________
    }
}
int main()
{
    int a[5][5],b[5],j,i;
    srand(time(NULL));
    for(i=0;i<5;i++)
    {
        for(j=0;j<5;j++)
            ____________________
            }
    printf("二维数组：\n");
    for(i=0;i<5;i++)
    {
```

```
            for(j = 0;j < 5;j ++ )
            ______________________
            ______________________
        }
        ______________________
        printf( "一维数组:\n" );
        for( i = 0;i < 5;i ++ )
            printf( "%d ",b[i] );
        printf( "\n" );
        return 1;
    }
```

输出示例

二维数组:

12 13 21 54 43

31 25 81 76 55

36 19 70 91 60

42 82 12 27 80

一维数组:

54 81 91 82 89

(3) 查找你的名字是否在字符数组中。

源程序代码

```
#include < stdio.h >
#include < string.h >
int getName(char name[][10],char yourName[])
{
    int i,a,flag = 0;
    for( i = 0;i < = 5;i ++ )
    {
    ______________________
        if( a == 0)
        {
    ______________________
        break;
        }
    }
    ______________________
}
int main ( )
{
```

```
        int a;
        char yourName[10];
        char NameList[ ][10] = {"NumOne","NumTwo","NumThree","NumFour",
"NumFive","NumSix"};
        printf("请输入你的名字:");
        ____________________________________
        ____________________________________
        if(a ==1)
        ____________________________________
        else
            printf("对不起,没有邀请你参加! \n");
        return 1;
    }
```

输入输出示例

请输入你的名字：NumTwo

欢迎 NumTwo 的光临!

4. 编程题。

（1）下列源程序是找出 1～100 的所有素数，请用函数 isPrime 进行改写，函数的主要功能是判断是否是素数，如果是，则返回 1，否则返回 0。

```
#include <stdio.h>
#include <math.h>
int main ()
{
    int i,j;
    for(i =2;i <100;i ++)
    {
        for(j =2;j <= sqrt(i);j ++)
        {
            if(i % j ==0)
                break;
        }
        if(j > sqrt(i))
            printf("%d ",i);
    }
    printf("\n");
    return 1;
}
```

（2）输入三个 0～9 之间的整数，输出该三个数字能组成的最大三位整数，利用循环实现能够多次输入和输出，当程序输入三个数字均为 9 时，程序结束。例如，输入：5，

7，3。则输出：753；输入：0，5，3，则输出：530。要求以函数形式实现，接受三个整型的参数函数。

（3）编写一个程序，给学生出一道加法运算题，然后判断学生输入的答案对错与否，按下列要求以循序渐进的方式编程。要求自定义 Add 函数来进行两个整数的加法运算；自定义 Print 函数判断正确与否；main 函数负责输入两个数和输出答案对错与否。

① 通过输入两个加数出一道加法运算题，如果输入答案正确，则显示“Right!”，否则显示“Not correct! Try again!”，程序结束。

② 通过输入两个加数给学生出一道加法运算题，如果输入答案正确，则显示“Right!”，否则显示“Not correct! Try again!”，直到做对为止。

③ 通过输入两个加数给学生出一道加法运算题，如果输入答案正确，则显示“Right!”，否则提示重做，显示“Not correct! Try again!”，最多给三次机会，如果三次仍未做对，则显示“Not correct! You have tried three times! Test over!”，程序结束。

④ 连续做 10 道题，通过计算机随机产生两个 1 ~ 10 之间的加数给学生出一道加法运算题，如果输入答案正确，则显示“Right!”，否则显示“Not correct!”，不给机会重做，10 道题做完后，按每题 10 分统计总得分，然后打印出总分和做错的题数。

（4）编程实现对输入的英文字符进行加密。加密方法为，当内容为英文字母时，使用 26 个字母后的第 3 个字母代替该字母，如'A'替换为'D'，'X'替换为'A'，若为其他字符时不变，并输出加密后的字符（函数实现）。

（5）分别编写函数：计算两个点之间的距离和计算三角形的面积，并且用这些函数的结果来开发另一个函数，具体要求如下：

计算由三个顶点 A（x1，y1），B（x2，y2）和 C（x3，y3）构成的三角形的面积。然后再用这些函数来开发另一个函数：即如果点（x，y）位于三角形 ABC 的内部，返回 1，否则返回 0。

四、实验思考题

1. 为什么要使用函数？
2. 阅读下列程序，上机验证程序的结果。如何在下列程序中实现 a，b 两个数的交换？

```
#include <stdio.h>
void swapv(int,int);
int main ()
{
    int a = 10,b = 20;
    printf("交换前:a = %d,b = %d\n",a,b);
    swapv(a,b);
    printf("交换后:a = %d,b = %d\n",a,b);
    return;
```

```
}
void swapv(int x,int y)
{
    int t;
    t = x;
    X = y;
    y = t;
}
```

实验 9

指　　针

一、实验目的及要求

1. 掌握指针的概念，会定义和使用指针变量。
2. 了解指针参数的特殊性。
3. 掌握字符指针的应用。
4. 使用指针解决实际问题。

二、实验背景知识

1. 变量与存储单元的关系。假设有如下的声明语句：

int i = 8;

这个声明告诉 C 编译器要进行如下的操作：

（1）为保存这个整型值预留内存空间。

（2）将变量 i 与存储单元相关联。

（3）将 i 存储到这个存储单元。

可以用图 9 – 1 来表示 i 的内存单元。

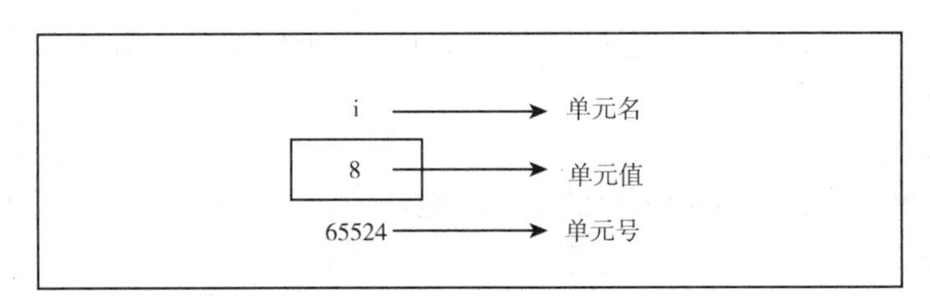

图 9 – 1　内存单元

可以看到计算机选择内存单元 65524 作为存储 8 这个值的存储地方。单元号 65524 并不是一个不变的值，计算机在不同的时刻可能会选择另外一个不同的单元号，用来存储 8 这个值。i 在内存中的地址是一个编号。

[**示例 9 -1**] 打印地址编号

```
#include <stdio. h>
intmain ( )
{
    int i =8;
    printf( "i 的地址:i = %u" ,&i);
    printf( "i 的值:i = %d" ,i);
    return 1;
}
```

表达式 &i 返回变量 i 的地址，因此表达式 &i 将变量与地址相关联。

2. 指针符号。指针符号 *，称为地址值的操作符，它给出存储在特定地址上的值。

[**示例 9 -2**]

```
#include <stdio. h>
int main ( )
{
    int i =9;
    printf( "i 的地址:i = %u\n" ,&i);
    printf( "i 的值:i = %d\n" ,i);
    printf( "i 的值:i = %d\n" , * (&i));
    return 1;
}
```

程序的输出结果:

i 的地址:i =65536

i 的值:i =3

i 的值:i =3

注意：输出 * (&i) 的值和输出 i 的值是一样的。

表达式 &i 给出了变量 i 的地址。这个地址值可以用一个变量来保存，表达式如下:

j = &i;

这个 j 不是一般的整型变量，它是保存变量 i 的地址的变量。所以在使用变量 j 之前，必须声明 j，声明格式如下:

int * j;

这个声明告诉编译器，j 是用来存储变量的地址的，是一个整型值。图 9 -2 可以说明 i 和 j 之间的关系。

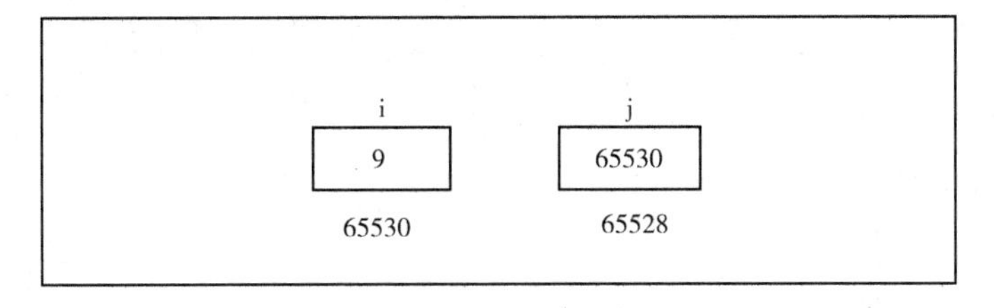

图 9 -2

[示例 9 -3]

```
#include <stdio.h>
int main ( )
{
    int i =8;
    int * j;
    j = &i;
    printf("i 的地址 = %u\n",&i);
    printf("i 的地址 = %u\n",j);
    printf("j 的地址 = %u\n",&j);
    printf("j 的值 = %d\n",j);
    printf("i 的值 = %d\n",i);
    printf("i 的值 = %d\n", * (&i));
    printf("i 的值 = %d\n", * j);
    return 1;
}
```

程序的输出结果:

```
i 的地址 =65526
i 的地址 =65526
j 的地址 =65524
j 的值 =65526
i 的值 =8
i 的值 =8
i 的值 =8
```

指针是一个变量，它保存的是另一个变量的地址。这个变量本身也可以是另一个指针。于是，就会有一个指针，该指针保存了另一个指针的地址。

[示例 9 -4]

```
#include <stdio.h>
int main ( )
{
    int i =8;
    int * j;
```

```
    int * * k;
    j = &i;
    k = &j;
    printf("i 的地址 = %u\n",&i);
    printf("i 的地址 = %u\n",j);
    printf("i 的地址 = %u\n", * k);
    printf("i 的值 = %d\n",i);
    printf("i 的值 = %d\n", * (&i));
    printf("i 的值 = %d\n", * j);
    printf("i 的值 = %d\n", * * k);
    printf("j 的地址 = %u\n",&j);
    printf("j 的地址 = %u\n",k);
    printf("j 的值 = %d\n",j);
    printf("k 的地址 = %u\n",&k);
    printf("k 的值 = %d\n",k);
    return 1;
}
```

程序的输出结果：

```
i 的地址 =65530
i 的地址 =65530
i 的地址 =65530
i 的值 =8
i 的值 =8
i 的值 =8
i 的值 =8
j 的地址 =65528
j 的地址 =65528
j 的值 =65530
k 的地址 =65526
k 的值 =65528
```

图 9 –3 可以帮助我们了解程序的输出是怎样得到的。

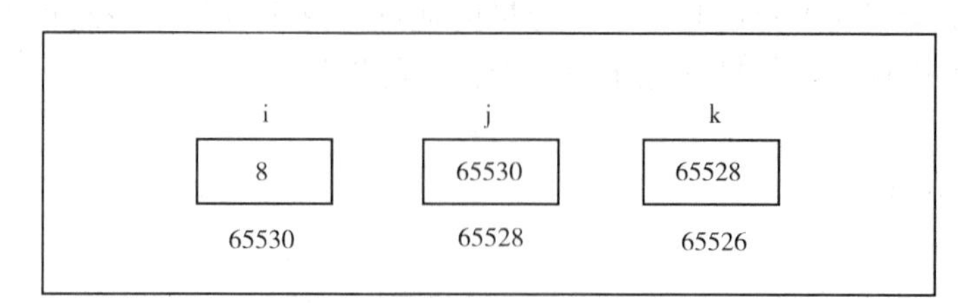

图 9 –3

3. 指针变量与函数。

（1）指针变量作为函数参数。指针变量可以作为函数的形参。这样，函数调用时实质上是将实参的地址传递给形参。称为址传递。

在 C 语言的编程中，进行传值调用函数时，就意味着不能改变实参的值。如果想改变实参的值，可以通过址传递来达到目的。

[示例 9－5]

```
#include <stdio.h>
#define PI 3.14
void area(int,float *,float *);
int main ()
{
    int radius;
    float areas,meter;
    printf("请输入圆的半径:");
    scanf("%d",&radius);
    area(radius,&areas,&meter);
    printf("面积=%.2f\n",areas);
    printf("周长=%.2f\n",meter);
    return 1;
}
void area(int r,float *a,float *m)
{
    *a=PI*r*r;
    *m=PI*2*r;
}
```

程序的输出结果：

请输入圆的半径：5

面积 =78.50

周长 =31.40

（2）指针作为函数返回值。函数的返回值不仅可以是简单类型，也可以是指针类型。

[示例 9－6]

```
#include <stdio.h>
int *min(int *,int *y);
int main ()
{
    int i=1,j=2;
    int *m;
    m=min(&i,&j);
    printf("最小值:%d\n",*m);
```

```
    return 1;
}
int * min(int * x,int * y)
{
    int * z;
    z = ( * x < * y)? x:y;
    return z;
}
```

[示例9－6] 中的 min 函数返回较小变量的地址。程序输出的结果是 1。

三、实验内容及步骤

1. 上机调试下列程序，并将错误代码对应的行号及正确代码填写在横线上。

（1）源程序代码。

```
#include <stdio.h>
int main ( )
{
    int x = 10,y = 5, * px, * py;
    px = x
    py = y;
    printf( * px = %d, * py = %d\n * px, * py);
    return 1;
}
```

____

____

改正后程序运行结果：＊px = 10， ＊py = 5

（2）源程序代码。

```
#include <stdio.h>
void fun(int * x,int y);
int main ( )
{
    int i = 4,j = 2;
    fun( * i,&j);
    printf("%d %d\n",i,j);
    return 1;
}
void fun(int * i,int j)
{
```

```
*i = *i* *i;
j = j*j;
}
```

____

改正后程序运行结果：16　2

（3）想使指针变量 pt1 指向 a 和 b 中的大者，pt2 指向小者。

源程序代码

```
#include <stdio.h>
void swap(int *p1,int *p2)
{
    int *p;
    p = p1;
    p1 = p2;
    p2 = p;
}
int main ()
{
    int a,b, *pt1, *pt2;
    scanf("%d,%d",&a,&b);
    pt1 = &a;
    pt2 = &b;
    if(a < b)
        swap(pt1,pt2);
    printf("%d,%d\n", *pt1, *pt2);
    return 1;
}
```

改正后的程序运行结果

3, 5

5, 3

____

____

____

____

（4）源程序代码。

```
#include <stdio.h>
int function(int *);
int main ()
{
    int i = 35;
```

```
    int *z;
    z = function(&i);
    printf("%d\n",z);
    return 1;
}
int function(int *m)
{
    return(m+2);
}
```

改正后的程序运行结果

37

____

____

2. 按要求完成下列各题，并上机编程验证。

（1）源程序代码。

```
#include <stdio.h>
#include <stdlib.h>
void fun(int **q,int p[2][3])
{
    **q = p[1][1];
}
int main ()
{
   int a[2][3] = {1,3,5,7,9,11}, *p;
   p = (int *)malloc(sizeof(int));
   fun(&p,a);
   printf("%d\n", *p);
   return 1;
}
```

程序运行后的输出结果是____________________

（2）源程序代码。

```
#include <stdio.h>
void fun(int *n)
{
   while((*n)--);
   printf("%d", ++(*n));
}
int main ()
{
```

```
    int a = 100
    fun(&a);
    return 1;
}
```

程序运行后的输出结果是____________________

3. 在下列横线上输入一条语句，使程序能够正确运行，并上机验证。

（1）利用指针指向两个整型变量，并通过指针运算找出两个数中的最大值，并输出。

源程序代码

```
#include <stdio.h>
int main ()
{
    intmax,x,y, *pmax, *px, *py;
    printf("请输入 x,y: ");
    scanf("%d,%d",&x,&y);
    ____________________
    ____________________
    *pmax = *px;
    if( *pmax < *py)
        ____________________
    printf("max = %d\n ", *pmax);
    return 1;
}
```

输入输出示例

请输入 x，y：1，3

max = 3

（2）有 n 个整数，使前面各数顺序循环移动 m 个位置（m < n）。编写一个函数实现以上功能，在主函数中输入 n 个整数并输出调整后的 n 个数。

源程序代码

```
#include <stdio.h>
void move(int *x,int n,int m);
int main ()
{
    int a[80],i,m,n, *p;
    printf("请输入 n,m: ");
    scanf("%d %d",&n,&m);
    for(p = a,i = 0;i < n;i ++)
        ____________________
    ____________________
    printf("移动后的数据为: ");
```

```
    for(i=0;i<n;i++)
        printf("%d ",a[i]);
    printf("\n");
    return 1;
}
void move(int *x,int n,int m)
{
    int i,j,k;
    for(i=0;i<m ;i++)
    {
        ______________________
        for(j=1;j<n;j++)
            ______________________
        x[j-1]=x[0];
    }
}
```

输入输出示例

5 3

1 2 3 4 5

移动后的数据为：4 5 1 2 3

4. 编程题。

（1）编写函数 void fun(char *a) 的功能是：首先将大写字母转换为对应的小写字母；若小写字母为 a－u，则将其转换为其后的第 5 个字母；若小写字母为 v－z，使其值减 21。在函数 main 中给字符串赋值并调用函数 fun，最后输出转换后的字符串。

（2）编写函数 void fun(int n,int *m)，函数的功能是：将形参 n 中各位上为偶数的删除，剩余的数按原来从高位到低位的顺序组成一个新的数，并作为函数的返回值。在函数 main 中设置整数，并调用函数 fun，最后输出计算结果。

（3）编写函数 void fun(int(*a)[M],int m)，根据形参 m 的值（$2 \leqslant m \leqslant 9$），在 m 行 m 列的二维数组中存放如下所示规律的数据。在函数 main 中调用函数 fun，并输出调用结果。

输入整数：4

1 2 3 4

2 4 6 8

3 6 9 12

4 8 12 16

四、实验思考题

1. 设有定义：float x；则以下对指针变量 p 进行定义且赋初值的语句中正确的

是________。

A. float * p = 1024　　B. int * p = （float） x　　C. float p = &x　　D. float * p = &x

2. 设有定义：int x = 0，y， * p = &y， * q = &x，以下赋值语句中与 y = x；语句等价的是________。

A. * p = * q　　B. p = q　　C. * p = &x　　D. p = * q

3. 分析下列程序，观察程序的运行结果。

```
#include <stdio.h>
int main ( )
{
    float a = 13.5;
    float * b, * c;
    b = &a;//假设 a 的地址为 1008
    c = b;
    printf( "%u %u %u\n" ,&a,b ,c);
    printf( "%f %f %f %f %f\n" ,a, * (&a), * &a, * b, * c);
    return 1;
}
```

4. 指出下列程序的运行结果。

```
#include <stdio.h>
int fun(int m ,int * n)
{
    int k =0;
    if(m % 3 ==0)
        k = m/3;
    else if(m % 5 ==0)
        k = m/5;
    else
        fun( --m,&k);
    * n = k;
}
int main ( )
{
    int x =7,y;
    fun(x,&y);
    printf( "%d\n" ,y);
    return 1;
}
```

A. 2　　B. 1　　C. 3　　D. 0

实验 10

结 构 体

一、实验目的及要求

1. 掌握结构体类型变量的定义和使用。
2. 巩固循环程序设计。
3. 了解数组和结构体的联系与区别。
4. 使用结构体解决实际问题。

二、实验背景知识

1. 结构体。

（1）它是一种较为复杂而又非常灵活的构造型的数据类型。结构体类型是把关系紧密且逻辑相关的多种不同类型的变量组织到统一的名字之下，不同的结构体类型其成员不同。

（2）对于一个具体的结构体而言，其成员的数量是固定的，这一点与数组相同，但该结构体中各成员的数据类型可以不同，这是结构体与数组的重要区别。

（3）结构体类型定义的一般形式：

```
struct 结构体名
  {
    结构体成员表列;
  };
```

（4）结构体变量的定义和初始化方法。在定义类型的同时定义变量。

[示例 10－1]

```
struct student
{
    int num;
    char name[20];
```

```
    char sex;
    int age;
    float score;
}stu1,stu2;
```

先定义结构体类型再定义变量名，例如：

```
struct student stu1,stu2 = {20,"Betty",female,18,90};            //变量可在定义时初始化
```

（5）结构体成员的访问方法采用“.”操作符，若采用指向结构体变量的指针访问结构体成员，则采用“→”运算符（联合体也是一样）。

［**示例10－2**］

```
struct Point
{
    int x;
    int y;
};
int main ()
{
    Point point, *p;
    p = &point;
    p->x =1;
    p->y =2;
    printf("x = %d,y = %d\n",p->x,p->y);
    return 1;
}
```

程序的输出结果为：x=1，y=2

（6）该类型的变量占用相邻的一段内存单元，即每个成员在内存中是顺序、连续存放。

2. 结构体数组。若有一个表格且有多个记录，则结构体变量只能代表表格中的一个记录，定义一个结构体数组可以表示整个表格。实现一个结构体数组过程：

（1）声明结构体，例如前面定义的 struct student 结构体。

（2）定义结构体数组，例如：struct student stu［50］。

［**示例10－3**］假如要保存10本书的数据，这些数据包括书名、书的价格、书的页数

```
#include <stdio.h>
struct book
{
    char name[50];
    float price;
    int pages;
};
int main ()
{
```

```
    struct book b[10];
    int i;
    for(i=0;i<=2;i++)
    {
        printf("\n请输入书名,价格,数量:");
        scanf("%s %f %d",&b[i].name,&b[i].price,&b[i].pages);
    }
    for(i=0;i<=2;i++)
    {
        printf("\n%s %.2f %d",b[i].name,b[i].price,b[i].pages);
    }
    printf("\n");
    return 1;
}
```

3. 结构体数组与指针。结构体数组变量一旦定义，系统将为其申请一段相应的结构体类型的内存空间，指向该结构体的指针可用来对结构体数组元素进行操作，也可用来对结构体数组元素的成员进行操作。

4. 结构体与函数。把结构传递给函数有三种方式：

（1）用结构体的单个成员作为函数参数：属于单向值传递，在函数内部对参数进行操作，不会引起结构体数值的变化。

（2）用结构体整体作为函数参数：要求实参与形参是同一种结构体类型才可用这种方式传递。由于内存空间开销大，所以不常用。

（3）用指向结构体的指针作为函数参数：实质是传递一个结构体的地址。

三、实验内容及步骤

1. 上机调试下列程序，并将错误代码对应的行号及正确代码填写在横线上。

输入一个正整数 n（3≤n≤10），再输入 n 个职员的信息（见表 10－1），要求输出每位职员的姓名和实发工资（实发工资 = 基本工资 + 浮动工资 － 支出）。

表 10－1　职员信息

姓名	基本工资	浮动工资	支出
John	24000	40000	7500
Rose	36000	12000	5000
Smith	56000	15000	8000

源程序代码

```
#include <stdio.h>
```

```
int main ( )
{
    struct emp
    {
        char name[10];
        float jbgz;
        float fdgz;
        float zc;
    }
    emp s;
    int i,n;
    printf("n =");
    scanf("%d",&n);
    for(i =0;i<n ;i++)
        scanf("%s %f %f %f",s[i].name,s[i].&jbgz,s[i].&fdgz,s[i]. &zc);
    for(i =0;i<n;i++)
        printf("%s,实发工资:%.2f\n",s[i].name,s[i].jbgz+s[i].fdgz-s[i].zc);
    return 1;
}
```

改正后的程序运行结果

```
n =3
zhao 24000 40000 7500
qian 36000 12000 5000
zhou 56000 15000 8000
zhao 实发工资：56500
qian 实发工资：43000
zhou 实发工资：63000
```

请将错误代码行编号及正确代码填写在下列横线上

____

____

2. 按要求完成下列各题，并上机编程验证。

（1）源程序代码。

```
#include <stdio.h>
#include <string.h>
struct sample
{
    int a,b;
    char *ch;
}
```

```
void f1(struct sample p)
{
    p.a+=p.b;
    p.ch[2]='x';
    printf("%d,",p.a);
    printf("%s\n",p.ch);
}
int main()
{
    struct sample samp;
    samp.a=1000;
    samp.b=100;
    strcpy(samp.ch,"abcd");
    f1(samp);
    return 1;
}
```

程序运行后的输出结果是____________________

（2）源程序代码。

```
#include <stdio.h>
struct stu
{
    int num;
    char name[10];
    int age;
}
void f2(struct stu *p)
{
    printf("%s\n",(*p).name);
}
int main()
{
    struct stu students[3]={{1980,"John",20},{1982,"Rose",19},{1983,"Smith",18}};
    f2(students+2);
    return 1;
}
```

程序运行后的输出结果是____________________

3. 在下列横线上输入一条语句，使程序能够正确运行，并上机验证。

输入某班学生的姓名及数学、英语成绩，计算每位学生的平均分，然后输出平均分最高的学生之姓名及数学、英语成绩。

源程序代码

```
#include <stdio.h>
struct student
{
    char name[10];
    int math,eng;
    float aver;
}
int fun(struct student s[],int n)
{
    int k,maxSub=0;
    for(k=0;k<n;k++)
    {
        ____________________            //计算平均分
        if(____________________)   maxSub=k;
    }
    return maxSub;
}
int main ()
{
    int n,i,maxn;
    struct student s[50];
    scanf("%d",&n);
    printf("请输入%d个学生的姓名,数学,英语成绩:\n",n);
    for(i=0;i<n;i++)
        scanf("%s %d %d",&s[i].name,&s[i].math,&s[i].eng);
    ________________________________________
    printf("%s %d %d\n",s[maxn].name,s[maxn].math,s[maxn].eng);
    return 1;
}
```

输入输出示例

```
3
请输入3个学生的姓名，数学，英语成绩:
John 65 70
Rose 56 80
Smith 80 70
Smith 80 70
```

4. 编程题。

(1) 声明一个表示时间的结构体，可以精确表示年、月、日、小时、分、秒；提示用户输入年、月、日、小时、分、秒的值，然后完整地显示出来。

分析：按照结构体声明的语法定义一个表示时间（time）的结构体，结构体成员包含：年（year）、月（month）、日（day）、小时（hour）、分（minute）、秒（second）。然后使用“.”运算符访问结构体变量的具体成员，进行数据的输入和输出。

（2）在屏幕上模拟动态显示一个数字式时钟。

分析：按照结构体声明的语法定义一个表示时钟（clock）的结构体，结构体成员包含：小时、分、秒。子函数分析如下：①时钟时间的更新函数 Update ( )，函数参数可以设为结构体变量，也可以设为指向结构体变量的指针。注意：参数不同则结构体变量的成员访问方式也不一样。具体算法：若 second 值为 60，表示已过一分钟，second 加 1；若 minute 值为 60，表示已过一小时，则 hour 加 1；若 hour 值为 24，则 hour 值从 0 开始计时。②时间显示函数 Display ( )。函数参数可以设为结构体变量，也可以设为指向结构体变量的指针。③延迟函数 Delay ( )。这里建议采用 1 秒的延迟，若延迟时间太长则显得时钟走得太慢，若太短则显得时钟走得太快，仿佛没有停顿。

（3）模拟洗牌和发牌过程。一副扑克有 52 张牌，分为 4 种花色（suit）：黑桃（spades）、红桃（hearts）、梅花（clubs）、方块（diamonds）。每种花色又有 13 种牌面：A，2，3，4，5，6，7，8，9，10，Jack，Queen，King。编程实现洗牌和发牌的过程。

模拟洗牌和发牌过程的总体分析：

① 显示每一张牌由两个元素组成：花色、牌面，因此设计一个结构体 CARD 表示一张牌：

```
struct CARD
{
    char suit[10];
    char face[10];
}
```

② 每张牌的两个元素分别用字符数组来表示。

③ 完成发牌的过程意味着将 52 张牌按照随机顺序存放。具体实现方法可采用以下三种：

方法 1：设计一个由 52 个元素组成的数组 int result[52] 来存放纸牌的发放结果，result[0] 代表发的第一张牌，result[1] 代表发的第二张牌……result[51] 代表发的最后一张牌。用上面声明的结构体类型定义一个结构体数组变量 struct CARD card[52]；card[52] 代表 52 张牌，并对数组按照花色和牌面的顺序存放。例如，card[0] = {"Spades","A"},card[1] = {"Spades","2"}……运用 C 语言随机数生成函数，生成一个 0 ~ 51 的随机数并将其放在 result [0] 中，代表将 card [随机数] 作为第一张要发的牌。再重复生成 0 ~ 51 的随机数。注意：需要判断新出现的随机数以前是否出现过。

方法 2：用上面声明的结构体类型定义一个结构体数组变量 strut CARD card[52]，card [52] 代表 52 张牌，并对数组按照花色和牌面的顺序存放。用 for 循环结构循环排列 52 张牌，每次循环，程序都选择一个 0 ~ 51 的随机数 j，然后将数组中当前的 CARD 结构 card[i] 与随机选出的 j 所在的数组元素 card[j] 进行交换。循环通过一轮 52 次交换后就完成了洗牌过程。

方法3：将方法2改进成子函数实现。用子函数 FillCard ( )实现将52张牌按黑、红、梅、方的花色顺序，牌面按 A ~ K 顺序排列，其参数包含：表示不同花色和牌面的52张牌、表示指向牌面数值字符串的指针数组、表示指向花色字符串的指针数组。用子函数 Shuffle ( )实现将52张牌的顺序打乱，循环52次，每次生成一个0 ~ 51的随机数，并将当前的一张牌与所产生的随机数的那张牌进行交换，其参数包含：指向存放52张牌的结构体数组的指针。用子函数 Deal ( )输出发牌结果，其参数为指向存放52张牌的结构体数组的指针。

四、实验思考题

1. 假设有：

```
struct time
{
    int hours;
    int minutes;
    int seconds;
}
t;
struct time * tt;
tt = &t;
```

参照上面的声明，下面哪一项是正确的________。

A. tt. seconds　　B. （ * tt）. seconds　　C. time. t　　D. tt - > seconds

2. 下面程序的输出结果是________。

```
struct gosal
{
    int num;
    char mess1[40];
    char mess2[40];
}
m1 = {2,"如果您认真学习","一定有所收获"};
int main ( )
{
    struct gosal  m2,m3;
    m2 = m1;
    m3 = m1;
    printf("%d %s %s \n",m1. num,m2. mess1,m3. mess2);
    return 1;
}
```

3. 以下程序运行后的结果是________。

```
struct s
{
    int n;
    int a[20];
}
void f(int *a,int n)
{
    int i;
    for(i=0;i<n-1;i++)
        a[i]+=i;
}
int main()
{
    int i;
    struct s s1={10,{2,3,1,6,8,7,5,4,10,9}};
    f(s1.a,s1.n);
    for(i=0;i<s1.n;i++)
        printf("%d,",s1.a[i]);
    return 1;
}
```

4. 设：struct DATE {

```
                int year;
                int month;
                int day;
            };
```

请写出一条定义语句，为该结构体变量赋值____________________

5. 判断下面的叙述是否正确________。

A. 所有的结构成员存储在连续的内存单元

B. 数组应该用来存储不相同的元素，而结构应存储相同的元素

C. 在结构数组中，不但所有的结构存储在连续的内存单元，而且单个结构的成员也同样存储在连续的内存单元

D. 结构体成员所占的内存字节数相同

实验 11

文　件

一、实验目的及要求

1. 掌握文件和文件指针的概念以及文件的定义方法。
2. 学会使用文件打开、关闭、读、写等文件操作函数。

二、实验背景知识

1. 文件。

（1）一般指存储在外部介质上具有名字（文件名）的一组相关数据的集合。

（2）用文件可长期保存数据，并实现数据共享。

（3）程序中的文件：在程序运行时由程序在磁盘上建立一个文件，并通过写操作将数据存入该文件；或由程序打开磁盘上的某个已有文件，并通过读操作将文件中的数据读入内存供程序使用。

（4）文件的存放：可以建立若干目录（文件夹），在目录里保存文件，同一级目录里保存的文件不能同名。

2. 文件类型指针。

（1）在“stdio.h”中定义的文件相关的结构体类型 FILE。

（2）文件类型指针变量的定义：

```
FILE  *fp;            // fp 是一个指向 FILE 类型的指针变量。
```

（3）通过指向 FILE 类型的指针变量（如 fp）可以访问与它相关的文件。

3. 与文件相关的操作函数。由 ANSI C 提供的函数及功能见表 11-1。

表 11 -1　　文件操作函数

读写方式	函数	功能
文件打开	FILE * fopen(const char * filename, const char * mode);	mode 为文件打开方式，取值可以为 "r"（只读），"w"（只写），"a"（只写，并向文件尾添加数据），"+"（可与 r、w、a 组合），"b"（可与 r、w、a 组合，表示以二进制方式打开文件）
文件关闭	int fclose(FILE * fp);	关闭已经打开的文件 fp
字符读写	int fgetc(FILE * fp);	从 fp 读出一个字符并返回，若读到文件尾，则返回 EOF
	int fputc(int c, FILE * fp);	向 fp 输出字符 c，若写入错误，则返回 EOF，否则返回 c
字符串读写	char * fgets(char * s, int n, FILE * fp);	从 fp 读入字符串，存入 s，最多读 n - 1 个字符。当读到换行回车符、文件末尾或读满 n - 1 个字符时函数返回，且在字符串末添加'\0'
	int fputs(const char * s, FILE * fp);	将字符串 s 输出到 fp
格式化读写	int fscanf(FILE * fp,const char * format,...);	从 fp 读入数据，其余参数与 scanf 相同
	int fprintf(FILE * fp,const char * format,...);	向 fp 写数据，其余参数与 printf 相同
按数据块读写	unsigned fread(void * ptr, unsigned size, unsigned nmemb, FILE * fp);	从 fp 读数据块到 ptr，size 是每个数据块的大小，nmemb 是最多允许写的数据块个数，返回实际读到的数据块个数
	Unsigned fwrite(const void * ptr, unsigned size, unsigned nmemb, FILE * fp);	把 ptr 指向的数据块写入 fp
文件定位	int fseek(FILE * fp, long offset, int fromwhere);	把 fp 的位置指针从 fromwhere 开始移动 offset 个字节。fromwhere 的值为 SEEK_CUR，SEEK_END，SEEK_SET
	int ftell(FILE * fp);	返回 fp 的当前位置指针
	int rewind(FILE * fp);	让 fp 的位置指针指向文件首字节
判断文件是否结束	int feof(FILE * fp);	当文件位置指针指向 fp 末尾时，返回非 0 值，否则返回 0

［示例 11 -1］从文件中读取数据，并统计文件中的字符个数、空格字符个数、制表符个数及换行符个数

```
#include <stdio.h>
int main()
{
    FILE * fp;
    char ch;
    int nol = 0, not = 0, nob = 0, noc = 0;
    fp = fopen("PR1.c","r");
    while(1)
    {
        ch = fgetc(fp);
        if(ch == EOF)
```

```
            break;
        noc ++ ;
        if( ch == )
            nob ++ ;
        if( ch == '\n. ')
            nol ++ ;
        if( ch == '\t')
            not ++ ;
    }
    fclose( fp ) ;
    printf( "字符:% d,空格:% d,制表符% d,换行符% d \n" ,noc,nob,not,nol) ;
    return 1;
}
```

程序以只读模式打开，然后逐个读取字符。

［**示例 11 –2**］ 利用函数 fputs 将字符串写入文件中

```
#include < stdio. h >
#include < stdlib. h >
#include < string. h >
int main ( )
{
    FILE * fp;
    char s[ 80 ] ;
    fp = fopen( " ST. txt" ," w" ) ;
    if( fp == NULL)
    {
        puts( " 不能打开文件!" ) ;
        exit( 1 ) ;
    }
    printf( " 请输入一行字符:" ) ;
    while( strlen( gets( s ) ) >0)
    {
        fputs( s ,fp) ;
        fput( " \n" ,fp) ;
    }
    fclose( fp) ;
    return 1;
}
```

程序运行时，每个字符串都以按回车键作为结束。若要结束程序的执行，在一行的开始直接按回车键即可。在字符串的后面加上一个换行符，以方便文件的读取。

[**示例 11 -3**] 从磁盘文件中读取字符串

```
#include <stdio.h>
#include <stdlib.h>
int main ()
{
    FILE *fp;
    char s[80];
    fp = fopen("wz.txt","r");
    if(fp == NULL)
    {
        puts("不能打开文件");
        exit(1);
    }
    while(fgets(s,79,fp) != NULL)
        printf("%s\n",s);
    fclose(fp);
    return 1;
}
```

fgets 函数有三个参数，一是字符串的存储地址，二是读取字符串的最大长度，三是指向 FILE 结果的指针。

[**示例 11 -4**] 将记录写入文件

```
#include <stdio.h>
#include <stdlib.h>
struct EMP
{
    char name[20];
    int age;
    float bs;
}
int main ()
{
    FILE *fp;
    char an = 'Y';
    struct EMP emp;
    fp = fopen("EMP.dat","wb");
    if(fp == NULL)
    {
        puts("不能打开文件");
        exit(1);
```

```
    }
    while(an =='Y')
    {
        printf("请输入姓名,年龄和薪水:");
        scanf("%s %d %f",emp.name,&emp.age,&emp.bs);
        fwrite(&emp,sizeof(emp),1,fp);
        printf("需要再增加记录吗? (Y/N)");
        fflush(stdin);
        an = getche ();
    }
    fclose(fp);
    return 1;
}
```

[**示例 11 -5**] 从文件中读取记录

```
#include <stdio.h>
#include <stdlib.h>
struct EMP
{
    char name[20];
    int age;
    float bs;
}
int main ()
{
    FILE * fp;
    struct EMP emp;
    fp = fopen("EMP.dat","rb");
    if(fp == NULL)
    {
        puts("不能打开文件");
        exit(1);
    }
    while(fread(&emp,sizeof(emp),1,fp) ==1)
    {
        printf("%s %d %f",emp.name,emp.age,emp.bs);
    }
    fclose(fp);
    return 1;
}
```

三、实验内容及步骤

1. 上机调试下列程序，并将错误代码对应的行号及正确代码填写在横线上。

（1）从键盘输入一行字符，写到文件 a. txt 中。

源程序代码

```
#include <stdio. h>
#include <stdlib. h>
int main ( )
{
    char ch;
    FILE fp;
    if( (fp = fopen( "a. txt" , "w" ) ) !  = NULL)
    {
        printf( "无法打开文件！ \n" ) ;
        exit(0) ;
    }
    while( (ch = getchar ( ) ) !  = '\n')
        fputc( ch ,fp) ;
    fclose( fp) ;
    return 1;
}
```

改正后的程序运行结果

I am chinese

则在当前路径下生成 a. txt 文件，打开后里面有 I am chinese

请将错误代码及正确代码填写在下列横线上

____

____

（2）文件 Int_Data. dat 中存放了若干整数，将文件中所有整数相加，并把和写入该文件的最后。

源程序代码

```
#include <stdio. h>
#include <stdlib. h>
int main ( )
{
    FILE fp;
    int n,sum =0;
    if( (fp = fopen( "int_Data. dat" , "r" ) ) == NULL)
    {
```

```
            printf("无法打开文件! \n");
            exit(0);
        }
    while(fscanf(fp,"%d",&n) == EOF)
            sum = sum + n;
    fprintf(fp,"%d",sum);
    fclose(fp);
    return 1;
}
```

请将错误代码及正确代码填写在下列横线上

____

____

____

2. 按要求完成下列各题，并上机编程验证。

（1）源程序代码。

```
#include <stdio.h>
#include <stdlib.h>
int main ()
{
    FILE *fp;
    int n,a[2] = {65,66};
    char ch;
    fp = fopen("d.dat","w");
    fprintf(fp,"%d%d",a[0],a[1]);
    fclose(fp);
    fp = fopen("d.dat","r");
    fscanf(fp,"%c",&ch);
    n = ch;
    while(n! =0)
    {
        printf("%d",n%10);
        n = n/10;
    }
    fclose(fp);
    return 1;
}
```

程序运行后的输出结果是____________________

（2）源程序代码。

```
#include <stdio.h>
```

```
#include < stdlib. h >
int main ( )
{
    FILE * fp;
    char c;
    int n;
    fp = fopen( "a1. txt" , "r" ) ;
    while( ( c = fgetc( fp) ) !  = '#)
        putchar( c) ;
    fclose( fp) ;
    fp = fopen( "a1. txt" , "r" ) ;
    fscanf( fp, "% d" , &n) ;
    printf( "% d\n" , n) ;
    fclose( fp) ;
    return 1;
}
```

假定当前盘符有一个如下文件:

文件名　　a1. txt

内容　　　123#

程序运行后的输出结果是____________________

3. 在下列横线上输入一条语句，使程序能够正确运行，并上机验证。

（1）下面程序中把从终端读入的文本（用@ 作为文结束标志）输出到一个名为 bi. dat 到新文件中。

源程序代码

```
#include < stdio. h >
#include < stdlib. h >
int main ( )
{
    FILE * fp;
    char ch;
    ____________________
        exit(0) ;
    while( ( ch = getchar ( ) ) !  = '@ ')
        ____________________
    fclose( fp) ;
    return 1;
}
```

（2）下列程序运行时，先输入一个文本文件的文件名（不超过 20 个字符），然后输出该文件中除了 0 ~9 数字字符之外的所有字符，请填空。

源程序代码

```
#include < stdio. h >
#include < stdlib. h >
int main ( )
{
    FILE * f1 ;
    char ch,fileName[20];
    gets(fileName);
    ff((f1 = fopen(fileName,______________________)) == NULL)
    {
        printf("%s 不能打开! \n",fileName);
        exit(0);
    }
    while(______________________)
    {
        ______________________
        if(ch < '0' || ch > '9')
            printf("%c"ch);
    }
    fclose(f1);
    return 1;
}
```

4. 编程题。

（1）从键盘输入一行字符，写入一个已存在的文件，再把该文件内容读出显示在屏幕上。

分析： 先在磁盘上建立一个文本文件并命名，然后使用 fopen 函数打开该文件。判断字符串是否结束应该使用当前字符是否为'\ n'，判断文件结束应该使用当前字符是否等于 EOF。文件使用结束时要使用 fclose 函数关闭已打开的文件。

（2）文件的复制。根据程序提示从键盘输入一个已存在的文本文件和完整文件名，再输入一个新的文本文件的完整文件名，然后将已存在的文本文件中的内容全部复制到新的文件中。

分析： 可以用两种方法实现：建议使用子函数完成。拷贝函数 CopyFile 的参数为两个文本文件的名字，首先以只读当时打开源文件，以只写方式打开目标文件，然后完成文件的复制，复制过程采用循环结构，循环判断条件为源文件是否结束（当前字符是否为 EOF），若没有结束，则执行循环体，即将源文件的字符写入目标文件。文件拷贝完成后还需确保存盘，可使用函数 fflush（指向目标文件的指针）实现。

（3）文件的追加。根据程序提示从键盘输入一个已存在的文本文件和完整文件名，再输入另一个文本文件的完整文件名，然后将第二个文本文件的内容追加到第一个文本文件的原内容之后。

分析： 建议使用子函数完成。方法与第 2 题雷同，只是目标文件要以追加方式打开。

四、实验思考题

1. C 语言中的文件存储方式有几种？请举例说明并上机验证。

2. FILE 结构定义在下面哪个文件中？

A. stdlib. h　　B. stdio. c　　C. io. h　　D. stdio. h

3. 如果文件的某一行为“I am a boy \ r \ n”，则用 fgets ( )将改行读取到数组 str[ ] 后，数组 str[ ] 中的内容是什么？请上机验证结果并分析原理。

4. 请指出下列叙述中的对错。

A. 高级磁盘 I/O 函数的缺点是程序员必须自己管理缓冲区

B. 如果要以读取的模式打开文件，则该文件必须已经存在

C. 如果要以写入的模式打开已经存在的文件，则该文件原有的内容会被覆盖

D. 如果要以追加的模式打开文件，则该文件必须已经存在

第二篇

综合实验

实验 12

银行存款金额大小写转换

一、实验目的及要求

1. 进一步提高分析问题和解决问题的能力。
2. 综合应用数组、函数、指针来解决实际问题。

二、实验背景知识

1. 字符串复制 strcpy。
函数原型：char * strcpy(char * dest,char * src)。

函数说明：把 src 所指由 NULL 结束的字符串复制到 dest 所指的数组中。其中，src 和 dest 所致内存区域不可重叠且 dest 必须有足够的空间来容纳 src 的字符串。

返回值：返回指向 dest 的指针。

2. 字符串连接函数 strcat。

函数原型：char * strcat(char * dest, char * src)。

函数说明：把 src 所指字符串添加到 dest 结尾处（覆盖 dest 结尾处的'\0'）并添加'\0'。

3. 不忽略大小写比较函数 strcmp。

函数原型：int strcmp(char * str1, char * str2)。

函数说明：通过比较字串中各个字符的 ASCII 码，来比较参数 Str1 和 Str2 字符串，比较时考虑字符的大小写。

4. 字符串长度函数 strlen ( )。

函数原型：int strlen(char s[ ])。

功能：计算字符指针 s（字符数组名）所指向的字符串的长度不含字符串结束标志'\0'），返回整型长度值。

三、实验内容及步骤

在金融业务处理系统中，经常要将小写金额转成大写金额。按照会计制度，金额大小写转换除阿拉伯数字转换成对应汉字外。还要对连续多个数码“0”和末尾是否加“整 ”字进行处理。

本实验要求编写一个能实现上述功能的程序。将用户输入的阿拉伯数字小写金额转换成相应的汉字大写金额。

四、实验分析

首先将阿拉伯数字结构作如下分析，如图 12 – 1 所示。

```
1 2 3 4    5 6 7 8    9 0 1 2 . 1 2
仟佰拾个   仟佰拾个   仟佰拾个
   亿         万         元     角分
```

图 12 –1

由图 12 – 1 可以发现整数部分是每隔 4 个数字，量词“仟佰拾个”就重复一次，处理时只需在不同位置加上“亿”或“万 ”字。同时按照会计制度对连续的数字“0”当作一个“0”处理，小数位到角的后面加“整”字，到分的不加“整”字。

程序代码如下：

```
#include < stdio. h >
#include < stdlib. h >
```

```
#include < string. h >
#define N 30
void rmb_units( int k) ;              /* 人民币货币单位中文大写输出 */
void big_write_num( int l) ;              /* 阿拉伯数字中文大写输出 */
void time_print( void) ;
int main ( )
{
    char c[ N] , * p;
    //len_integer 整数部分长度,len_decimal 小数部分长度
    int a,i,j,len,len_integer = 0,len_decimal = 0;
    printf( " ---------------------------------------- * ----------------------------------------\n" ) ;
    printf( " ***** |------------------ * 本程序将阿拉伯数字小写金额转换成中文大写金
额! ------------------ ***** \n" ) ;
    printf( " ---------------------------------------- * ----------------------------------------\n\n" ) ;
    printf( " please input( 阿拉伯数字小写金额) : ¥ " ) ;
    scanf( " %s" ,c) ;
    printf( " \n\n" ) ;
    p = c;
    len = strlen( p) ;
    /* 求出整数部分的长度 */
    for( i = 0;i < = len - 1 && * ( p + i) < = '9' && * ( p + i) > = '0';i ++ ) ;
    {
      if( * ( p + i) == '. ' || * ( p + i) == '\0')              // * ( p + i) == '\0'没小数点的情况
      len_integer = i;
      else
      {
        printf( " \n\n!!!! ------------------# Error: 输入有错误,整数部分含有错误的字符!
------------------!!!! \n\n" ) ;
        system( " pause" ) ;
        exit( EXIT_FAILURE) ;
      }
      if( len_integer > 13)
      {
          printf( " ! ------------------超过范围,最大万亿! 整数部分最多位! 程序暂停!
------------------! \n" ) ;
          system( " pause" ) ;
          printf( " \n! ------------------程序继续执行,注意:超过万亿部分只是简单读出数
字的中文大写! ------------------! \n\n" ) ;
          }
```

```
printf("\n================转换开始! ===============\n\n");
printf("￥%s 的中文大写金额如下所示:\n\n 人民币/RMB",c);
/*转换整数部分*/
for(i=0;i<len_integer;i++)
{
  a=*(p+i)-'0';
if(a==0)
{
    if(i==0)
    {
        if(*(p+1)!='.'&&*(p+1)!='\0'&&*(p+1)!='0')
        {
            printf("\n\n!---------------------输入有错误! 第一位为而后整数
部分有非字符,请检查!---------------=---------------!\n\n");
            system("pause");
            printf("\n!---------------------程序继续执行,注意:整数部分的剩
下部分将被忽略!---------------------!\n\n");
        }
        printf("零圆");
        break;        //若第一个是则忽略其他整数部分
    }
    else if(*(p+i+1)!='0'&&i!=len_integer-5&&i!=len_integer-
1&&i!=len_integer-9)
    //圆、万、亿位为时选择不加零
    {
        printf("零");
        continue;
    }
    else if(i==len_integer-1||i==len_integer-5||i==len_integer-9)
//圆万亿单位不能掉
    {
        rmb_units(len_integer+1-i);
        continue;
    }
    else
        continue;
    big_write_num(a);                    //阿拉伯数字中文大写输出
    rmb_units(len_integer+1-i);          //人民币货币单位中文大写输出
}
```

```
/*求出小数部分的长度*/
len_decimal = len - len_integer - 1;
if(len_decimal <0)
{
    len_decimal =0;
    printf("整");            //或正
}
    if(len_decimal >2)          //只取两位小数
    len_decimal =2;
    //printf("%d----------%d----------%d\n",len,len_integer,len_decimal);
    p =c;
    /*转换小数部分*/
    for(j =0;j < len_decimal;j ++)
    {
    a = *(p + len_integer + 1 + j) - '0';          //定位到小数部分,等价于
    a = *(p + len - len_decimal + j) - '0';
    if(a <0 || a >9)
    {
        printf("\n\n!!!!--------------------# Error:输入有错误,小数部分含有
错误的字符!--------------------!!!! \n\n");
        system("pause");
        exit(EXIT_FAILURE);
    }
    if(a ==0)
    {
        if(j +1 < len_decimal)
        {
            if( *(p + len_integer + j +2)! ='0')
                printf("零");
            else
        {
            printf("整");
            break;
        }
    }
    continue;
 }
 big_write_num(a);
 rmb_units(1 -j);
```

```
        }
        printf("\n\n");
        printf("=================转换完成!=================\n\n");
        system("pause");
    }
}
/*人民币货币单位中文大写输出*/
void rmb_units(int k)
{
    //相当于 const char rmb_units[] = "fjysbqwsbqisbqw";
    //"分角圆拾佰仟万拾佰仟亿拾佰仟万";
    switch(k)
    {
        case 3:
        case 7:
        case 11:
            printf("拾");
            break;
        case 4:
        case 8:
        case 12:
            printf("佰");
            break;
        case 5:
        case 9:
        case 13:
            printf("仟");
            break;
        case 6:
        case 14:
            printf("万");
            break;
        case 10:
            printf("亿");
            break;
        case 2:
            printf("圆");
            break;
        case 1:
```

```
            printf("角");
            break;
        case 0:
            printf("分");
            break;
        default:
            break;
    }
}
/*阿拉伯数字中文大写输出*/
void big_write_num(int l)
{
//相当于 const char big_write_num[] = "0123456789";
//"零壹贰叁肆伍陆柒捌玖"
switch(l)
{
        case 0:
            printf("零");
            break;
        case 1:
            printf("壹");
            break;
        case 2:
            printf("贰");
            break;
        case 3:
            printf("叁");
            break;
        case 4:
            printf("肆");
            break;
        case 5:
            printf("伍");
            break;
        case 6:
            printf("陆");
            break;
        case 7:
            printf("柒");
```

```
            break;
        case 8:
            printf("捌");
            break;
        case 9:
            printf("玖");
            break;
        default:
            break;
        }
}
```

实验 13

数组、函数、指针的综合应用

一、实验目的及要求

1. 进一步提高分析问题和解决问题的能力。
2. 综合应用数组、函数、指针来解决实际问题。

二、实验背景知识

分别参见数组、函数、指针部分实验相关知识。

三、实验内容及步骤

1. 学生成绩统计。

按学号顺序从键盘输入某班（人数不超过 40 人）学生某门课的成绩，分别用函数实现下列功能：

（1）统计不及格人数并打印不及格学生的学号。

（2）统计各分数段的学生人数及所占的百分比。

（3）要求用一维数组和指针变量作为函数参数，打印最高分及其学号。

2. 学生成绩排名。

某班（人数不超过 40 人）期末考试科目有数学（math）、英语（english）和政治（politics），分别用函数实现下列功能：

（1）计算每个学生的总分。

（2）按总分成绩由高到低排序。

（3）打印出名次表，表格内包含学号、各科分数、总分。

四、实验分析

1. 学生成绩统计。

需要声明两个一维数组分别用来存放学号和成绩。

（1）设置一个计数器，当某学生的成绩 <60 时，计数器就加 1，并输出该学生的学号和成绩。

（2）将成绩分为 6 个分数段，［0，59］为第 0 段，［60，69］为第 1 段，［70，79］为第 2 段，［80，89］为第 3 段，［90，99］为第 4 段，100 分为第 5 段，因此成绩与分数段的对应关系为：

$$\text{分数段}=\begin{cases}0 & \text{成绩}<60\\ (\text{成绩}-50)/10 & \text{成绩}\geqslant 60\end{cases}$$

再声明一个数组用来保存各分数段学生的人数，对于每个学生的成绩，先计算出该成绩所对应的分数段，然后将相应的分数段的人数加 1。

（3）函数参数包括学号、分数、存放求出来的最高分学生的学号（设为指针），函数的返回值为最高分。循环比较学生的成绩，记录最高分及其学号。

2. 学生成绩排名。

声明一个二维数组来存放每个学生各门课程的成绩，一个一维数组存放每个学生的学号，一个一维数组存放每个学生的总分。

（1）循环计算每个学生的总分。

（2）函数的参数可以包括：存放学号的数组、存放成绩的数组、学生人数、存放总分的数组，由于该函数计算的结果不止一个，所以函数采用无返回值。函数实现过程中注意：排序时，总分的变化应连同存放成绩的二维数组及学号一起变化。

（3）应用指标格式输出相应表格。

五、程序代码

1. 成绩统计代码。

```
#include  <stdio.h>
#define ARR_SIZE 40
int  ReadScore(long num[],float score[]);
int  GetFail(long num[],float score[],int n);
void GetDetail(float score[],int n);
float FindMax(float score[],long num[],int n,long *pMaxNum);
main()
{
```

```
    int n,i,fail;
    float score[ARR_SIZE],maxScore;
    long num[ARR_SIZE],maxNum;

    printf("Please enter total number:");
    scanf("%d",&n);              //从键盘输入学生人数 n

    printf("Please enter the number and score:\n");
    for(i=0;i<n;i++)             //输入学生的学号和成绩
    {
        scanf("%ld%f",&num[i],&score[i]);
    }
    printf("Total students:%d\n",n);            //统计有多少个学生

    fail=GetFail(num,score,n);                  //统计不及格人数及学号
    printf("Fail students=%d\n",fail);

    GetDetail(score,n);            //统计各分数段的学生人数及所占的百分比

    maxScore=FindMax(score,num,n,&maxNum);           //计算最高分及该生学号

    printf("maxScore=%f,maxNum=%ld\n",maxScore,maxNum);
}

/* 函数功能:从键盘输入一个班学生某门课的成绩及其学号
                当输入成绩为负值时,输入结束
   函数参数:长整型数组 num,存放学生学号
            实型数组 score,存放学生成绩
   函数返回值:学生总数
*/
int ReadScore(long num[],float score[])
{
    int i=0;

    scanf("%ld%f",&num[i],&score[i]);

    while(score[i]>=0)
    {
        i++;
```

```
        scanf("%ld%f",&num[i],&score[i]);
    }
    return i;
}
/* 函数功能:统计不及格人数并打印不及格学生名单
   函数参数:长整型数组 num,存放学生学号
            实型数组 score,存放学生成绩
            整型变量 n,存放学生总数
   函数返回值:不及格人数
*/
int GetFail(long num[],float score[],int n)
{
    int  i,count;

    printf("Fail:\nnumber--score\n");
    count=0;
    for(i=0;i<n;i++)
    {
        if(score[i]<60)
        {
                printf("%ld---------------%.0f\n",num[i],score[i]);
                count++;
        }
    }
    return count;
}

/* 函数功能:统计各分数段的学生人数及所占的百分比
   函数参数:实型数组 score,存放学生成绩
            整型变量 n,存放学生总数
   函数返回值:无
*/
void GetDetail(float score[],int n)
{
    int  i,j,stu[6];
    for(i=0;i<6;i++)
    {
        stu[i]=0;
    }
```

```
    for(i = 0;i < n;i ++ )
    {
        if(score[i] < 60)
        {
                j = 0;
        }
        else
        {
                j = ((int)score[i] - 50)/ 10;
        }
        stu[j] ++ ;
    }
    for(i = 0;i < 6;i ++ )
    {
        if(i == 0)
        {
                printf(" < 60       %d   %.2f%% \n",stu[i],
                        (float)stu[i]/(float)n * 100);
        }
        else if(i == 5)
        {
                printf("%d   %d   %.2f%% \n",(i + 5) * 10,stu[i],
                        (float)stu[i]/(float)n * 100);
        }
        else
        {
                printf("%d -- %d   %d   %.2f%% \n",(i + 5) * 10,(i + 5) * 10 + 9,
                        stu[i],(float)stu[i]/(float)n * 100);
        }
    }
}

/* 函数功能:计算最高分及最高分学生的学号
   函数参数:整型数组 score,存放学生的成绩
            长整型数组 num,存放学生的学号
            长整型指针变量 pMaxNum,存放求出来的最高分学生的学号
   函数返回值:最高分
 */
float FindMax(float score[],long num[],int n,long * pMaxNum)
```

```
{
    int    i;
    float    maxScore;
    maxScore = score[0];
    *pMaxNum = num[0];            /*假设 score[0]为最高分*/
    for(i = 1;i < n;i ++)
    {
        if(score[i] > maxScore)
            {
                maxScore = score[i];          /*记录最高分*/
               *pMaxNum = num[i];             /*记录最高分学生的学号 num[i]*/
            }
    }
    return(maxScore);            /*返回最高分 maxScore*/
}
```

2. 成绩排名代码。

```
#include    <stdio.h>

#define STU 40
#define COURSE 3

void Input(long num[],int score[][COURSE],int n);
void GetSum(int score[][COURSE],int n,int sum[]);
void Sort(long num[],int score[][COURSE],int n,int sum[]);
void Print(long num[],int score[][COURSE],int n,int sum[]);
int   Search(long num[],int n,long x);

main ()
{
    int n,score[STU][COURSE],sum[STU],pos;
    long num[STU],x;

    printf("Please enter the total number of the students(n <=40):");
    scanf("%d",&n);             //输入参加考试的学生人数

    printf("Enter No. and score as: Math   English   Politics\n");
    Input(num,score,n);            //输入学生成绩

    GetSum(score,n,sum);           //计算总分和平均分
```

```
    printf("Before sort:\n");
    Print(num,score,n,sum);
    Sort(num,score,n,sum);          //排名次
    printf("After sort:\n");
    Print(num,score,n,sum);

    printf("Please enter searching number:");
    scanf("%ld",&x);            //以长整型格式输入待查找学生的学号
    pos = Search(num,n,x);      //名次查询

    if(pos != -1)
    {
        printf("position: NO\tMath\tEnglis\tPolitics   SUM\n");
        printf("%3d\t%4ld\t%4d\t%4d\t%4d\t%5d\n",pos + 1,num[pos],score
[pos][0],score[pos][1],
                        score[pos][2],sum[pos]);
    }
    else
    {
        printf("Not found! \n");
    }
}

/*函数功能:输入某班学生期末考试三门课程成绩
  函数参数:长整型数组 num,存放学生学号
           整型数组 score,存放学生成绩
           整型变量 n,存放学生人数
  函数返回值:无
*/
void Input(long num[],int score[][COURSE],int n)
{
    int  i,j;

    for(i = 0;i < n;i ++ )
    {
        scanf("%ld",&num[i]);
        for(j = 0;j < COURSE;j ++ )
        {
                scanf("%d",&score[i][j]);
```

```
        }
    }
}
/* 函数功能:计算每个学生的总分和平均分
   函数参数:整型数组 score,存放学生成绩
            整型变量 n,存放学生人数
            整型数组 sum,计算得到的每个学生的总分

   函数返回值:无
 */
void GetSum(int score[][COURSE],int n,int sum[])
{
    int i,j;

    for(i = 0;i < n;i ++)
    {
        sum[i] = 0;
        for(j = 0;j < COURSE;j ++)
        {
                sum[i] = sum[i] + score[i][j];
        }
    }
}
/* 函数功能:按总分成绩由高到低排出成绩的名次
   函数参数:长整型数组 num,存放学生学号
            整型数组 score,存放学生成绩
            整型变量 n,存放学生人数
            整型数组 sum,存放每个学生的总分
            实型数组 aver,存放每个学生的平均分
   函数返回值:无
 */
void Sort(long num[  ],int score[][COURSE],int n,int sum[])
{
    int i,j,k,m;
    int temp1;
    long temp2;
    for(i = 0;i < n - 1;i ++)
    {
        k = i;
```

```
        for(j = i + 1;j < n;j ++)
        {
                if(sum[j] > sum[k])   k = j;
        }
        if(k != i)
        {
                temp1 = sum[k];   sum[k] = sum[i];   sum[i] = temp1;
                temp2 = num[k];   num[k] = num[i];   num[i] = temp2;
                for(m = 0;m < COURSE;m ++)
                {
                    temp1 = score[k][m];
                    score[k][m] = score[i][m];
                    score[i][m] = temp1;
                }
        }
    }
}
/* 函数功能: 打印名次表,表格内包括学生编号、各科分数、总分和平均分
   函数参数:长整型数组 num,存放学生学号
            整型数组 score,存放学生成绩
            整型变量 n,存放学生人数
            整型数组 sum,存放每个学生的总分
   函数返回值:无
*/
void Print(long num[],int score[][COURSE],int n,int sum[])
{
    int   i,j;

    printf("NO\t|    Math\tEnglish\tPolitic\t SUM\n");
    printf("-------------------------------------------------------------------\n");
    for(i = 0;i < n;i ++)
    {
        printf("%ld\t|",num[i]);
        for(j = 0;j < COURSE;j ++)
        {
                printf("%4d\t",score[i][j]);
        }
        printf("%5d\n",sum[i]);
    }
```

```
}
/* 函数功能:在学号数组中顺序查找学生的学号
   函数参数:长整型数组 num,存放学生学号
            整型变量 n,存放学生人数
            长整型变量 x,存放待查找学生的学号
   函数返回值:找到时,返回学生学号在学号数组中的下标位置,否则返回值 -1
*/
int Search(long num[],int n,long x)
{
    int  i;

    for(i = 0;i < n;i ++)
    {
        if(num[i] == x)   return(i);
    }
    return(-1);
}
```

第三篇

课外实验

实验 14

计算到期银行存款本息

一、实验内容

已知银行整存整取存款利率如表 14－1 所示，要求输入存钱本金和存款期限，求到期从银行得到的利息和本金之和。

表 14－1　　银行整存整取利率

项　　目	年利率（%）
三个月	1.71
半年	1.98
一年	2.25
二年	2.79
三年	3.33
五年	3.60

二、实验分析

银行整存整取存款利息计算公式:利息 = 本金 × 年利率(百分数) × 存款年数;本息 = 本金 + 利息。

可用 switch 语句编程实现,switch 语句为开关语句,后圆括号内表达式的值一般为整型、字符型或枚举类型,而且每个 case 后的“常量表达式”的类型应该与 switch 后括号内表达式类型一致。若 case 后面的语句省略不写,则表示它与后续 case 执行相同的语句。在执行完某个分支后,一般要用 break 语句跳出 switch 结构。

三、参考答案

```
#include <math.h>
#include <stdio.h>
#include <stdlib.h>
main ()
{
    float year;
    int year1;
    double principal,rate,deposit;
    //分别定义本金、年利率和本金与利息之和三个变量
    printf("please input principal and year:");
    scanf("%lf,%f",&principal,&year);
    //本金和存款年限, 输入时本金和存款年限中间用逗号隔开
    year1 = (int)(year*10);
    switch(year1)
    {
        case 3:
            rate =0.0171;
            break;
        case 6:
            rate =0.0198;
            break;
        case 10:
            rate =0.0225;
            break;
        case 20:
```

```
            rate = 0.0279;
            break;
        case 30:
            rate = 0.0333;
            break;
        case 50:
            rate = 0.0360;
            break;
        default:
            printf("No this kind of rate:\n");
            exit(0);
    }
    deposit = principal * pow(1 + rate, year);
    printf("本金%0.2lf存%0.1f年的本息之和为%0.2lf.\n", principal, year, deposit);
}
```

实验15

简单计算器

一、实验内容

编写一个简单的计算器程序，允许用户从一个操作菜单中选择进行实数计算的 + 、 - 、 * 或/，接着输入两个操作数，然后计算所选操作应用到这两个操作数的结果，这个过程可以反复进行。

二、实验分析

在 while 循环语句的循环体中，如果没有能够将条件改变为假的操作，将导致死循环。本题 while（1）循环条件始终为真，只有设置一个标志，例如字符“?”，判断输入是否为“?”时，利用 exit（0）函数或 break 语句，可退出循环语句。exit ( )的作用是中止整个程序的执行，强制返回操作系统。调用该函数需要嵌入头文件 <stdlib. h>。

本程序中，由于操作数是用户输入的原始数据，不存在计算误差，当用一个操作数 op2 与 0 进行比较时，可以用 op2 ==0 代替。若操作数 op2 是经过计算得到的浮点数，而绝大多数计算机中表示的浮点数都只是它们在数学上表示的数据的近似值，此时 op2 与 0 比较时不能用 op2 ==0，必须用 op2 <= EPS。

三、参考答案

```
#include < stdio. h >
#include < stdlib. h >
#define EPS 1e - 6
main ( )
{
    double op1 ,op2 ;
```

```
    char ch ;
    printf("------------------------------------------------\n");
    printf("              简单计算器               \n");
    printf("------------------------------------------------\n");
    printf("          (按?键退出程序)            \n");
    while(1)
    {
        printf("\n");
        printf("请选择运算符:+ -  * / \n");
        scanf("%c",&ch);
        if (ch  =='?')
            exit(0);
        printf("请输入两个操作数(中间用空格隔开):\n");
        scanf("%lf%lf",&op1,&op2);
        switch(ch)
        {
        case'+':
            printf("%lf + %lf = %lf\n",op1,op2,op1 + op2);
            break;
        case'-':
            printf("%lf - %lf = %lf\n",op1,op2,op1 - op2);
            break;
        case '*':
            printf("%lf*%lf = %lf\n",op1,op2,op1*op2);
            break;
        case '/':
            if (op2  <=  EPS)
            {
                printf("除数不能为零!\n");
                break;
            }
            printf("%lf / %lf = %lf",op1,op2,op1/op2);
            break;
        default:
            printf("No this kind of compute");
            exit(0);
        }
    }
}
```

实验 16

学习成绩字母制评价模型

一、实验内容

在考查性课程中，对于成绩的评价往往不是给定一个数值分数，而是根据所谓的“学积分曲线”的评价模型将数值分数转化为相应的字母如 A、B、C、D、E 五个等级对学生的学习过程和效果进行评价，评价模型见表 16－1。

表 16－1　学习成绩字母制评价模型

数值分数（x）	成绩（字母表示）	数值分数（x）	成绩（字母表示）
$m+\frac{3}{2}\sigma\leqslant x$	A	$m-\frac{3}{2}\sigma\leqslant x\leqslant m-\frac{1}{2}\sigma$	D
$m+\frac{1}{2}\sigma\leqslant x\leqslant m+\frac{3}{2}\sigma$	B	$x<m-\frac{3}{2}\sigma$	F
$m-\frac{1}{2}\sigma\leqslant x\leqslant m+\frac{1}{2}\sigma$	C		

表 16－1 中的 m 表示成绩的平均值，σ 是标准方差。对于 n 个数：x_1，x_2，…，x_n 来说，它们的定义如下：$m=\frac{1}{n}\sum_{i=1}^{n}x_i$，$\sigma=\sqrt{\frac{1}{n}\sum_{i=1}^{n}(x_i-m)^2}$，编制程序，读取一个班学生某门课的成绩及其对应的学生学号，计算对应的字母成绩并显示。

二、实验分析

根据表 16－1，首先计算成绩的平均值 m 和标准方差 σ，成绩和学号由键盘输入，保存在数组 score 和 num 中。成绩平均值的计算利用 for 循环语句先求和，然后除以学生人数，得平均值。成绩标准方差 σ 的计算也是利用 for 循环语句先求出每个学生的成绩与平均差的平方，然后求它们的和的平均值后再开平方，开平方要用数学函数 sqrt ( )，该数学函数包

含在头文件 <math. h> 中。根据数值区间，利用 if 语句判断每个学生的成绩在哪个区间并输出对应的字母表示。

采用数组名作为函数参数就是将数组的首地址作为函数参数传递给被调用函数。于是，在被调用函数中就可以通过这个地址找到存放数组元素的存储单元位置，并使用这个数组中的元素值。

对一维形参数组进行类型声明时，在方括号内可以给出数组的长度声明，即将其声明为固定长度数组；也可以不给出数组的长度声明，即将其声明为可变长度数组。

三、参考答案

```
#include <stdio.h>
#include <stdlib.h>
#include <math.h>
#define ARR_SIZE 30
int ReadScore(long num[],float score[]);
float GetAver(float score[],int n);
float GetDev(float score[],int n,float m);
void GetLettle(float score[],float m,float sDev,int n,long num[]);
main ()
{
    int n;
    float m,s_dev;
    float score[ARR_SIZE];
    long num[ARR_SIZE];
    printf("Please enter num and score until score<0:\n");
    n = ReadScore(num,score);
    m = GetAver(score,n);
    s_dev = GetDev(score,n,m);
    GetLettle(score,m,s_dev,n,num);


}
/* 函数功能：根据表中的评价模型，分别计算对应成绩的字母表示
   函数参数：长整型数组 num，存放学生学号
             实型数组 score，存放学生成绩
             实型数 m，存放平均值
             实型数 sDev，存放标准偏差
             整型数 n，存放学生人数
```

```
  函数返回值：无
 */
void GetLettle(float score[ ],float m,float sDev,int n,long num[ ])
{
    int i;
    for (i =0;i < n;i ++ )
    {
    if (score[i] >= m +3.0/2 *sDev)
          printf("%ld score %f ------- A\n",num[i],score[i]);
    else if ((score[i] >= m +1.0/2 *sDev) && (score[i] < m +3.0/2 *sDev))
          printf("%ld score %f ------- B\n",num[i],score[i]);
    else if ((score[i] >= m -1.0/2 *sDev) && (score[i] < m +1.0/2 *sDev))
          printf("%ld score %f ------- C\n",num[i],score[i]);
    else if ((score[i]  >= m -3.0/2 *sDev) && (score[i] < m -1.0/2 *sDev))
          printf("%ld score %f ------- D\n",num[i],score[i]);
    else
          printf("%ld score %f ------- F\n",num[i],score[i]);
    }
}
/* 函数功能：计算标准偏差
   函数参数：实型数组 score，存放学生成绩
             实型数 m，存放平均值
             整型数 n，存放学生人数
  函数返回值：标准偏差
 */
float GetDev(float score[ ],int n,float m)
{
    int i;
    float s =0.0;
    for(i =0;i < n;i ++ )
        s =(score[i] - m)*(score[i] - m) + s;
    return sqrt(s/n);
}
/* 函数功能：计算成绩的平均值
   函数参数：实型数组 score，存放学生成绩
             整型数 n，存放学生人数
  函数返回值：成绩的平均值
 */
float GetAver(float score[ ],int n)
```

```
{
    float m = 0.0;
    int i = 0;
    for (i = 0;i < n;i ++)
        m = m + score[i];
    return m/n;
}
/* 函数功能：从键盘输入一个班学生某门课的成绩及其学号
           当输入成绩为负值时，输入结束
   函数参数：长整型数组 num，存放学生学号
           实型数组 score，存放学生成绩
   函数返回值：学生总数
*/
int ReadScore(long num[ ],float score[ ])
{
    int i = 0;
    scanf("%ld%f",&num[i],&score[i]);
    while(score[i] >= 0)
    {
        i ++;
        scanf("%ld%f",&num[i],&score[i]);
    }
    return i;
}
```

实验 17

矩阵乘法

一、实验内容

一个 $m\times n$ 的矩阵 A 和一个 $n\times p$ 的矩阵 B 的积是一个 $m\times p$ 的矩阵 $C=A*B$，其 i 行第 j 列上的元素 C_{ij} 可以根据如下公式得出：

$C_{ij}=A$ 第 i 行和第 B 列 j 上的元素的积的和 $=A_{i1}*B_{1j}+A_{i2}*B_{2j}+\cdots+A_{in}*B_{nj}$ 编写一个程序读取两个矩阵 A 和 B，并显示它们，然后计算并显示它们的积。

二、实验分析

程序中矩阵 A 和矩阵 B 中的原始数据由随机函数自动生成，利用双重 for 循环语句，外层循环语句输出行数据并与内存循环中的列数据对应相乘并保存，即得所需要的结果。程序中应注意数据相乘结果值的有效范围。

三、参考答案

```
#include <stdio.h>
#include <stdlib.h>
#include <math.h>
#include <time.h>
#define M 5
#define N 6
#define P 7
void InitArray(long a[][N],long b[][P]);
void ShowArray(long a[][N],long b[][P]);
```

```
void ArrayMul(long a[][N],long b[][P],long c[][P]);
void Print(long c[][P]);
main ()
{
    long a[M][N],b[N][P],c[M][P];
    InitArray(a,b);
    ShowArray(a,b);
    ArrayMul(a,b,c);
    Print(c);
}
/* 函数功能：输出矩阵 A 和矩阵 B 相乘的积
   函数参数：长整型二维数组 c，存放 A*B 的积
   函数返回值：无
 */
void Print(long c[][P])
{
    int i,j;
    printf("\n 数组 C = A*B:\n");
    for (i=0;i<M;i++)
    {
        for (j=0;j<P;j++)
            printf("%ld",c[i][j]);
        printf("\n");
    }
}
/* 函数功能：计算数组 A*B
   函数参数：长整型二维数组 a，b 和 c
   函数返回值：无
 */
void ArrayMul(long a[][N],long b[][P],long c[][P])
{
    int i,j,k;
    int s=0;
    for (i=0;i<M;i++)
    {
        for (j=0;j<P;j++)
        {
            c[i][j]=0;
            for (k=0;k<N;k++)
```

```
            }
                c[i][j] = c[i][j] + a[i][k] * b[k][j];
            }
        }
    }
}
/* 函数功能：初始化两个数组
   函数参数：长整型二维数组 a 和 b
   函数返回值：无
*/
void InitArray(long a[][N],long b[][P])
{
    int i,j;
    srand(time(NULL));
    for (i=0;i<M;i++)
    {
        for (j=0;j<N ;j++)
            a[i][j]=rand()%90+10;
    }
    for (i=0;i<N;i++)
    {
        for (j=0;j<P ;j++)
            b[i][j]=rand()%90+10;
    }
}
/* 函数功能：显示初始化数组的值
   函数参数：长整型二维数组 a 和 b
   函数返回值：无
*/
void ShowArray(long a[][N],long b[][P])
{
    int i,j;
    printf("数组 A(%d 行%d 列)为:\n",M,N);
    for (i=0;i<M;i++)
    {
        for (j=0;j<N ;j++)
            printf("%ld ",a[i][j]);
        printf("\n");
    }
```

```
    printf( " \n" ) ;
    printf( "数组 B( %d 行%d 列) 为: \n" ,N,P) ;

    for (i =0;i < N;i ++ )
    {
        for (j =0;j < P ;j ++ )
            printf( "%ld " ,b[i][j]) ;
        printf( " \n" ) ;
    }
}
```

实验 18

绘制余弦函数曲线

一、实验内容

编程实现在屏幕上用“ * ”显示 0 ~360 度的余弦函数 cos(x) 曲线。

二、实验分析

余弦曲线在 0 ~360 度的区间内，一行中要显示 2 个点，考虑利用 cos(x) 的左右对称性，若定义图形的总宽度为 62 列，计算出 x 行 0 ~180 度时 y 点的坐标 m，那么在同一行与之对称的 180 ~360 度的 y 点坐标就为 62 $- m$。程序中利用反余弦函数 acos 计算坐标（x，y）的对应关系。

三、参考答案

```
#include <stdio.h>
#include <math.h>
main ( )
{
    double y;
    int x,m;
    for (y = 1;y >= -1 ;y -= 0.1)
    //y 为列方向，值从 1 到 -1，步长为 0.1
    {
        m = acos(y)*10;
        //计算出 y 对应的弧度 m，乘以 10 为图形放大倍数
```

```
        for (x=1; x<m; x++)
            printf(" ");
        printf("*");              //控制打印左侧的*号

        for (; x<62-m; x++)
            printf(" ");
        printf("*\n");              //控制打印同一行中对称的右侧*号

    }
}
```

实验 19

字符串比较

一、实验内容

1. 编写一个程序，比较字符串 s1 和 s2 的大小。如果 s1 > s2，输出一个正数；s1 = s2，输出 0；s1 < s2 输出一个负数。不要用 strcmp 函数。两个字符串用 gets 函数读入，输出的结果应是相比较的两个字符串相应字符的 ASCII 码的差值。

2. 输入三个字符串，按由小到大的顺序输出，用指针方法处理。

二、实验分析

在形如 for(i=0;i<n;i++) 的方式读取字符串，容易发生读取结果错误，应该使用形如：for(i=0;str[i]!='\0';i++) 的方式读取字符串，也可使用循环语句 while(str[i]!='\0') 读取字符串。

直接使用赋值运算符对字符串进行赋值是错误的。必须使用函数 strcpy()对字符串进行赋值；直接使用关系运算符比较字符串大小，是错误的。必须使用函数 strcmp()来比较字符串大小。

在用 scanf 或 gets 函数输入一个字符串时，没有提供空间足够大的字符数组来接收用户从键盘输入的字符串，将导致程序中的数据被破坏，并使得系统易于受到蠕虫等计算机病毒的攻击。

三、参考答案

1. 参考答案如下：

```
#include <stdio.h>
#define SIZE 100
```

```
main ( )
{
    int i,result;
    char str1[SIZE],str2[SIZE];
    printf("\n Please input string1:");
    gets(str1);
    printf("\n Please input string2:");
    gets(str2);


    i=0;
    while((str1[i] == str2[i]) && (str1[i]!='\0'))
        i++;
    if (str1[i] == '\0' && str2[i] == '\0')
        result=0;            //相等，输出0
    else
        result=str1[i]-str2[i];            //不等，输出ASCII码的差值
    printf("\n result:%d\n",result);
}
```

2. 参考答案如下：

```
#include <stdio.h>
#define SIZE 100
char strSwap(char* s1,char* s2);
main ( )
{
    char str1[SIZE],str2[SIZE],str3[SIZE];
    printf("Please input three sring:\n");
    gets(str1);
    gets(str2);
    gets(str3);


    if (strcmp(str1,str2)>0)
        strSwap(str1,str2);
    if (strcmp(str1,str3)>0)
        strSwap(str1,str3);
    if (strcmp(str2,str3)>0)
        strSwap(str2,str3);
    printf("The order by small to big is:%s--%s--%s\n",str1,str2,str3);
```

```
}
char strSwap(char* s1,char* s2)
{
    char* s[SIZE];
    strcpy(s,s1);
    strcpy(s1,s2);
    strcpy(s2,s);
}
```

实验 20

奇数魔方矩阵

一、实验内容

一个魔方体是一个 n×n 的矩阵，其中整数为 1，2，3，…，n^2 出现且仅出现一次，每一行、每一列、每一对角线上的元素之和都是相等的。例如，下面 5×5 的魔方矩阵中，所有行、列及对角线上的和都是 65。

17	24	1	8	15
23	5	7	14	16
4	6	13	20	22
10	12	19	21	3
11	18	25	2	9

下面是对一个任意的奇数 n 创建一个 n×n 的魔方的过程。

(1) 首先将 1 放在最顶行的中间。

(2) 在整数 k 被放置好后（假如它的位置为（i，j）），那么 k+1 的位置为：（i+1，j+1）。

(3) 如果 i+1>n，则新的水平坐标为 i+1−n。

(4) 如果 j+1>n，则新的垂直坐标为 j+1−n。

(5) 如果新的格子上已经填有数字（碰撞），则新的坐标为（i，j+2）。

(6) 如果越界，则按第（3）、第（4）步处理；如果碰撞，则按第（5）步处理，直到找到一个空的位置。

二、实验分析

算法设计思路如下：

第一步，将 1 放在第一行中间一列。

第二步，从 2 开始直到 n×n 止各数依次按下列规则存放；按 45 度方向行走，如向右上，每个数存放的行比前一个数的行数减 1，列数加 1。

第三步，如果行列范围超出矩阵范围，则回绕。例如，1 在第一行，则 2 应放在最下面一行，列数同样加 1。

第四步，如果按上面规则确定的位置上已有数，或上一个数是第一行第 n 列时，则把下一个数放在上一个数的下面。

三、参考答案

```
#include <stdio.h>
#define N 10
main ()
{
    int a[N][N] = {0},i,j,k,p,n;
    p =1;
    while(p ==1)
    {
        printf("请输入魔方阵阶数(奇数)(0~%d):",N-1);
        scanf("%d",&n);
        if((n!=0) && (n<N) && (n%2!=0))
                p =0;           //判断所输入的数据是否为奇数
    }
    i =n +1;            //对 i 进行初始化
    j =n/2 +1;            //对 j 进行初始化
    a[1][j] =1;            //令第二行中间一数为 1

    for(k =2;k <=n*n;k ++)            //下面给 2 到 n*n 分配位置
    {
        i =i -1;            //对所在位置进行定位，即向左上方移位
        j =j +1;
        //如果 i<1 且 j>n 说明所定位置为右上角的右上位置，而此位不存在，所以向
当前位置下方移动
        if((i<1)&&(j>n))
        {
            i =i +2;//由于刚才初始化 i 时减了 1,所以挪到向方时要加 2
            j =j -1;//由于刚才初始化 j 时加了 1,所以挪到向方时要减 1
        }
        else
```

```
            }
                if(i<1)i=n;
                if(j>n)j=1;
            }
            if(a[i][j]==0)
                a[i][j]=k;
            else
            {
                i=i+2;
                j=j-1;
                a[i][j]=k;
            }
        }
        for(i=1;i<=n;i++)
        {
            for(j=1;j<=n;j++)
                printf("%4d",a[i][j]);
            printf("\n");
        }
    }
```

实验 21

约瑟夫斯问题

一、实验内容

约瑟夫斯（Josephus）：约公元 37 ~ 100 年，犹太历史学家和军人，生于耶路撒冷，西元 66 年在反对罗马的犹太起义中他指挥一支加利利军队，与罗马军队进行了长达 47 天的殊死搏斗，最后全军覆没，而约瑟夫斯则向罗马军队投降。

在约瑟夫斯问题中，一队士兵被敌人包围，必须选出一个士兵突围求救。选择士兵的方法如下：随机选出一个整数 n 和一个士兵。士兵站成一圈，开始时从选出的士兵开始报数。报数值为 n 的士兵从圈中移除，然后从下一个士兵开始重新报数。这个过程继续到只剩下一个士兵为止，然后由这个不幸运的士兵突围报信。编写程序实现这种选择策略。

二、实验分析

为实现实验内容，应以循环链表表示该抽象模型。

循环链表是表中最后一个节点的指针域指向头结点，整个链表形成一个环。由此，从表中任一节点出发均可找到表中其他节点。

三、参考答案

```
#include < stdio. h >
#include < stdlib. h >
/* 定义链表节点类型 */
typedef struct node
{
    int data;
```

```
    struct node *next;
}
linklist;
int main ( )
{
    int i,n,k,m,total;
    linklist *head,*p,*s,*q;
    /* 读入问题条件 */
    printf("请输入士兵人数:");
    scanf("%d",&n);
    printf("请输入要从第几个士兵开始报数:");
    scanf("%d",&k);
    printf("请输入出局数字:");
    scanf("%d",&m);
    /* 创建循环链表,头节点也存信息 */
    head = (linklist*) malloc(sizeof(linklist));
    p = head;
    p -> data = 1;
    p -> next = p;
    /* 初始化循环链表 */
    for (i = 2;i <= n;i ++)
    {
        s = (linklist*) malloc(sizeof(linklist));
        s -> data = i;
        s -> next = p -> next;
        p -> next = s;
        p = p -> next;
    }
    /* 找到第 k 个节点 */
    p = head;
    for (i = 1;i < k;i ++)
    {
        p = p -> next;
    }
    /* 保存节点总数 */
    total = n;
    printf("\n 出局序列为:");
    q = head;
    /* 只剩一个节点时停止循环 */
```

```
    while (total! =1)
    {
        /* 报数过程,p 指向要删除的节点 */
          for (i =1;i < m;i ++)
          {
               p = p -> next;
          }
        /* 打印要删除的节点序号 */
          printf("[%d] ",p -> data);
        /* q 指向 p 节点的前驱 */
          while (q -> next! = p)
          {
               q = q -> next;
          }
        /* 删除 p 节点 */
          q -> next = p -> next;
        /* 保存被删除节点指针 */
          s = p;
        /* p 指向被删除节点的后继 */
          p = p -> next;
        /* 释放被删除的节点 */
          free(s);
        /* 节点个数减一 */
          total --;
    }
    /* 打印最后剩下的节点序号 */
    printf("\n\n 去报信的士兵为第 [%d] 号\n\n",p -> data);
    free(p);
    return 0;
}
```

实验 22

Life 游戏

一、实验内容

由数学家 John H. Conway 发明的 Life 游戏，试图模拟一个有机物群体的生命发展。考虑一个方形的单元阵列，其中每个单元都可以被一个有机体占用或处于空闲状态。被占用的单元处于 alive（生）状态，未被占用的单元处于 dead（死）状态。单元状态从一代向另一代转换，是否为 alive 状态主要取决于与其相邻的单元 alive 状态的数量，其规则如下：

1. 与某一个单元相邻的单元是指与该单元垂直相连、水平相连，或者通过对角线相连的单元。

2. 一个有机物可以出生在任何一个具有 3 个邻居的空单元中。

3. 如果一个有机物少于 2 个邻居，那么它将因为隔绝而死亡。

4. 如果一个有机物多于 3 个邻居，那么它将因为拥挤而死亡。

5. 其他所有有机物将存活。

为了说明，图 22 - 1 展示了一个特定结构的有机物群体的前 5 代。

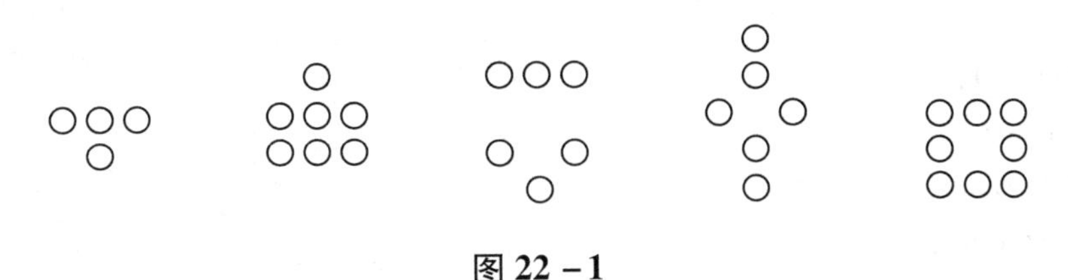

图 22 - 1

编写一个程序模拟 Life 游戏，并研究不同初始结构产生的不同模式。

二、实验分析

算法设计分析：

1. 初始化网格单元，用一个二维数组 map 来实现。初始值为 DEAD，通过键盘输入存活的有机体所在的行列值 row 和 col，激活有机体 map [row] [col]。

2. 以“ * ”输出存活有机体的位置，对于不是存活体，则用“ - ”输出其位置。

3. 计算相邻有机体的不同状态，包括 alive 和 dead。

4. 通过反复复制，重新设置有机体在网格中的状态和位置。

5. 输出有机体结构。

三、参考答案

```
#include <stdio.h>
#include <stdlib.h>
#define MAXROW 20
#define MAXCOL 60
typedef enum state {DEAD,ALIVE} state;
typedef state Grid[MAXROW +2][MAXCOL +2];
typedef enum {FALSE,TRUE} Boolean;
Boolean UserSaysYes(void);
void Initialize(Grid map);
int NeighborCount(Grid map,int row,int column);
void WriteMap(Grid map);
void Error(char*);
void Warning(char*);
void CopyMap(Grid map,Grid newmap);
/* 主程序 */
void main ()
{
    int row,col;
    Grid map;
    Grid newmap;
    Initialize(map);
    WriteMap(map);
    printf("This is initial configuration you have chosen. \n"
           "press <Enter> to continue. \n");
    while(getchar ()!='\n');
    do
    {
        for(row =1;row <= MAXROW;row ++)
            for(col =1;col <= MAXCOL;col ++)
```

```
            switch(NeighborCount(map,row,col))
            {
            case 0:
            case 1:
                newmap[row][col] = DEAD;
                break;
            case 2:
                newmap[row][col] = map[row][col];
                break;
            case 3:
                newmap[row][col] = ALIVE;
                break;
            case 4:
            case 5:
            case 6:
            case 7:
            case 8:
                newmap[row][col] = DEAD;
                break;
            }
        CopyMap(map,newmap);
        WriteMap(map);
        printf("Do you wish to continue viewing the new generations");
    }
    while(UserSaysYes());
}
/* 计算相邻元胞活的数量 */
int NeighborCount(Grid map,int row,int col)
{
    int i;
    int j;
    int count = 0;
    for(i = row - 1;i <= row + 1;i ++)
        for(j = col - 1;j <= col + 1;j ++)
            if(map[i][j] == ALIVE)
                count ++;
            if(map[row][col] == ALIVE)
                count --;
    return count;
```

```
}
/* 输入初始布局 */
void Initialize(Grid map)
{
    int row,col;
    printf("This program is a simulation of the game of Life. \n"
            "The grid has a size of %d rows and"
                "%d columns. \n",MAXROW,MAXCOL);
    for(row=0;row<=MAXROW+1;row++)
        for(col=0;col<=MAXCOL+1;col++)
            map[row][col]=DEAD;
    printf("On each line give a pair of coordinates for a living cell. \n"
            "Terminate the list with the special 0 0. \n");
    scanf("%d%d",&row,&col);
    while(row!=0 || col!=0)
    {
        if(row>=1&&row<=MAXROW&&col>=1&&col<=MAXCOL)
            map[row][col]=ALIVE;
        else
            printf("Values are not within range. \n");
        scanf("%d%d",&row,&col);
    }
    while(getchar()!='\n');
}
/* 输出 */
void WriteMap(Grid map)
{
    int row,col;
    putchar('\n');
    putchar('\n');
    for(row=1;row<=MAXROW;row++)
    {
        for(col=1;col<=MAXCOL;col++)
            if(map[row][col]==ALIVE)
                putchar('*');
            else
                putchar('-');
        putchar('\n');
    }
```

```
}

/* 从 newmap 复制到 map */
void CopyMap(Grid map,Grid newmap)
{
    int row,col;
    for(row =0;row <= MAXROW +1;row ++)
        for(col =0;col <= MAXCOL +1;col ++)
            map[row][col] = newmap[row][col];
}
/* 是否继续 */
Boolean UserSaysYes(void)
{
    int c;
    printf("(y,n)?");
    do
    {
        while((c =getchar()) =='\n');
            if(c =='y' || c =='Y' || c =='n' || c =='N')
                return(c =='y' || c =='Y')? TRUE:FALSE;
        printf("Please respond by typing one of the letters y or n\n");
    }
    while(1);
}
/* 错误消息终止程序 */
void Error(char * s)
{
        fprintf(stderr,"%s\n",s);
        exit(1);
}
```

第四篇

特色实验

实验 23

银行信息管理系统设计与实现

一、实验目的

1. 掌握文件以及缓冲文件系统、文件指针的概念。
2. 学会使用文件打开、关闭、读、写等文件操作函数。
3. 掌握文件管理在实际项目中的运用。

二、实验内容

设计并实现一个银行常用业务管理信息系统，功能模块包括登录模块、账户申请、存款管理、取款管理、查询管理、注销账户和修改密码。各功能模块设计要求如下：

1. 登录模块：要求输入管理员的登录名和密码，登录成功，显示系统功能模块主菜单，如果连续三次输入错误，则系统自动退出，初始用户名和密码为 admin。

2. 账户申请：申请时要验证申请的账户是否已存在，若存在，则给出提示信息，否则，输入账户初始密码并进行验证。

3. 存款管理：存款前验证账户是否存在，若没有这个账户，则提示先申请用户账户，输入存款金额完成存款。

4. 取款管理：首先验证账户和密码，正确后再验证账户余额是否足够支付取款额并作用相应的处理。

5. 查询管理：查询存在的账户的信息，包括账户名、账户余额、存款日期。

6. 注销账户：检查账户余额，如余额大于0，则提示取出余额后再注销。注销后，此用户的信息从库中彻底删除。

7. 修改密码：验证用户账户和密码后，进入修改密码界面，输入新的密码并验证。

三、参考答案

```
#include < stdio. h >
#include < stdlib. h >
#include < string. h >
#include < windows. h >
#include < conio. h >
#define TRUE 1
#define FALSE 0
#define MIN_INPUT 0x20
#define MAX_INPUT 0x7e
#define MAX_LEN 0xFF
struct per
{
    char mz[ MAX_LEN ] ;
    char zh[ MAX_LEN ] ;
    char mm[ MAX_LEN ] ;
    int money;
    int statue;
}
dat,temp;
void MakeAccount ( ) ;
void QueryAccount ( ) ;
void Deposit ( ) ;
```

```
void WithDrawal ();
void OffAccount ();
int  GetPassword(unsigned char * pszPw,int iMaxSize) ;
void DealAccount(FILE * p,FILE * p1);
void ModifyPassWord ();
int IsCorrectInfo(FILE * p,char ch1[],char ch2[]);
void main ()
{
    int i;
    int cut =0;
    char account[20],mm[20];
    char ch;
    char account1[] = {"admin"},mm1[] = {"admin"};
dl: system("cls");
    printf("\n");
    printf("                        欢迎使用银行管理系统\n");
    printf("\n");
    printf("          ----------请以管理员的身份登录管理系统----------\n");
    printf("\n\n\n\n");
    printf("\n");
    printf("\n");
    printf("\n");
    printf("          请输入管理员账号:");
    scanf("%s",account);
    printf("\n");
    printf("          请输入管理员密码:");
    scanf("%s",mm);
    printf("\n");
    if(strcmp(account1,account) ==0 && strcmp(mm1,mm) ==0)
    {
        printf("\n                    正在登录,请稍候……\n");
        Sleep(500);
        system("cls");
        goto gl;
    }
  else
  {
        printf("              账号或密码输入错误,按任意键返回\n");
        printf("\n");
```

```
            getch ();
            goto dl;
        }
gl:
    system("cls");
    printf("\n");
    printf("                    欢迎进入银行管理系统\n");
    printf("        ┌──────────────────────────────┐        \n");
    printf("        │          1. 申请账号          │        \n");
    printf("        ├──────────────────────────────┤        \n");
    printf("        │          2. 存款管理          │        \n");
    printf("        ├──────────────────────────────┤        \n");
    printf("        │          3. 取款管理          │        \n");
    printf("        ├──────────────────────────────┤        \n");
    printf("        │          4. 查询管理          │        \n");
    printf("        ├──────────────────────────────┤        \n");
    printf("        │          5. 注销账户          │        \n");
    printf("        ├──────────────────────────────┤        \n");
    printf("        │          6. 修改密码          │        \n");
    printf("        ├──────────────────────────────┤        \n");
    printf("        │          7. 退出系统          │        \n");
    printf("        └──────────────────────────────┘        \n");
    printf("        请输入数字1~7，按回车键选择:");
    do
    {
        scanf("%d",&i);
        switch(i)
        {
        case 1:
            system("cls");
            MakeAccount ();
            goto gl;
            break;
        case 2:
            system("cls");
            Deposit ();
            goto gl;
            break;
        case 3:
```

```
            system("cls");
            WithDrawal ();
            goto gl;
            break;
        case 4:
            system("cls");
            QueryAccount ();
            goto gl;
            break;
        case 5:
            system("cls");
            OffAccount ();
            goto gl;
            break;
        case 6:
            system("cls");
            ModifyPassWord ();
            goto gl;
            break;
        case 7:
            printf("\n");
            printf("                    确认退出吗?(y/n)");
            scanf("%c",&ch);
            if (ch=='y')
            {
                system("cls");
                exit(0);
            }
            else
                goto gl;
            break;
        default:printf("                输入错误,请重新输入");
        }
    }
    while(i!=0);
}
/* 函数功能:    开户
   函数参数:    无
   函数返回值:  无
```

```
*/
void MakeAccount ( )
{
    FILE  * pa, * pa1 ;
    char mm_ok[20];
    pa = fopen( "db. dat" ,"ab" ) ;
lp: printf( "请输入你的名字:" ) ;
    scanf( "%s" ,dat. mz) ;
    pa1 =fopen( "db. dat" ,"rb" ) ;
    printf( "\n 账号:" ) ;
    scanf( "%s" ,dat. zh) ;
    while( fread( &temp,sizeof( temp) ,1 ,pa1 ) ==1)
    {
        if ( ( strcmp( dat. zh,temp. zh) ==0) )
        {
                system( "cls" ) ;
                printf( "\n 此账号已经有人用了,请重新输入 . \n\n" ) ;
                fclose( pa1 ) ;
                goto lp;
        }
    }
    fclose( pa1 ) ;
    printf( "\n 密码:" ) ;
    GetPassword( dat. mm,6) ;
    printf( "\n 确认密码:" ) ;
    GetPassword( mm_ok,6) ;
    if( strcmp( dat. mm,mm_ok) !=0)
    {
        printf( "\n 确认密码不一样! 请重新输入 . \n" ) ;
        goto lp;
    }
    dat. money =0;
    dat. statue =1;
    if ( fwrite( &dat,sizeof( dat) ,1 ,pa) ==-1)
          printf( "保存错误! \n" ) ;
    else
          printf( "\n 申请成功 . \n" ) ;
    fclose( pa) ;
    printf( "按任意键继续\n" ) ;
```

```
    getch ( ) ;
}
/* 函数功能:    查询
   函数参数:    无
   函数返回值:  无
*/
void QueryAccount ( )
{
    FILE  * pa;
    char zh[20];
    if ((pa = fopen("db.dat","rb")) != NULL)
          fclose(pa);
    pa = fopen("db.dat","rb");
    if(pa == NULL)
    {
        printf("\n");
        printf("还没有一个人申请账号.\n");
        printf("\n");
        printf("按任意键继续\n");
        getch ( );
        return;
    }
    else
    {
        printf("\n");
        printf("请输入你的账号:");
        scanf("%s",zh);
        while(feof(pa) ==0)
        {
            fread(&dat,sizeof(dat),1,pa);
            if(strcmp(dat.zh,zh) ==0)
            {
                printf("    -----------------------------------------------------------------\n");
                printf("    |      姓名      |      账号      | 存款(元) |      状态      |\n");
                printf("    |----------------|----------------|----------------|----------------|\n");
                printf("    |%12s|%12s%|%9d|%10d|\n",dat.mz,dat.zh,dat.money,
                       dat.statue);
                printf("    -----------------------------------------------------------------\n");
                printf("\n");
```

```
                break;
            }
            else if(feof(pa) !=0)
            {
                printf("\n 没有这个账户!");
                break;
            }
        }
    }
    fclose(pa);
    printf("按任意键继续\n");
    getch ();
}
/* 函数功能:    存款
   函数参数:    无
   函数返回值:  无
*/
void Deposit ()
{
    FILE *db, *lan;
    char zh[20];
    char mm[20];
    int money,i =1;
    db =fopen("db. dat","ab +");
    lan =fopen("tempdb. dat","wb +");
    if(db ==NULL)
    {
        printf("\n");
        printf("还没有一个人申请账号,按任意键返回.\n");
        printf("\n");
        getch ();
        goto gl;
    }
    while(1)
    {
        if (IsCorrectInfo(db,zh,mm) ==1)
            break;
    }
    fseek(db,0,0);
```

```
    fseek(lan,0,0);
    while(! feof(db))
    {
        if (fread(&dat,sizeof(dat),1,db) ==1)
        {
            if(strcmp(zh,dat.zh) ==0 && strcmp(mm,dat.mm) ==0)
            {
                printf("\n");
                printf("请输入你要存款的数额:");
                scanf("%d",&money);
                strcpy(temp.mz,dat.mz);
                strcpy(temp.zh,zh);
                strcpy(temp.mm,mm);
                temp.money = dat.money + money;
                fwrite(&temp,sizeof(temp),1,lan);
            }
            else
                fwrite(&dat,sizeof(dat),1,lan);
            i ++;
            if(feof(db) !=0)
            {
                printf("\n");
                printf("账号不存在,按任意键返回! \n");
                printf("\n");
                getch ();
                goto gl;
            }
        }
    }
    DealAccount(db,lan);
    printf("\n");
    printf("\n 存款成功! 按任意键返回\n");
    printf("\n");
    getch ();
gl:
    ;
}
/* 函数功能:      判断输入的密码是否正确
   函数参数:      文件指针对象 p,字符变量 ch1,ch2 分别
```

```
                    保存账户和密码信息
   函数返回值:返回 1,表示正确,返回 0,表示账户和密码错误
*/
int IsCorrectInfo(FILE * p,char ch1[],char ch2[])
{
    int bln = 1;
    fseek(p,0,0);
    printf("\n 请输入你的账号:");
    scanf("%s",ch1);
    printf("密码:");
    GetPassword(ch2,6);
    while(! feof(p))
    {
        if (fread(&dat,sizeof(dat),1,p) == 1)
        {
            if (strcmp(ch1,dat.zh) !=0 && strcmp(ch2,dat.mm) !=0)
            {
                printf("\n 账户或密码不正确,请重新输入.\n");
                bln = 0;
            }
        }
    }
    return bln;
}
/* 函数功能:  取款
   函数参数:  无
   函数返回值:无
*/
void WithDrawal ()
{
    FILE  * db, * lan;
    char zh[20];
    char mm[20];
    int money,i = 1;
    db = fopen("db.dat","rb");
    lan = fopen("tempdb.dat","wb + ");
    fseek(lan,0,0);
    if(db == NULL)
    {
```

```
        printf( " \n" );
        printf( "还没有一个人申请账号,按任意键返回. \n" );
        printf( " \n" );
        getch ( );
        goto gl;
    }
    while(1)
    {
     if (IsCorrectInfo( db,zh,mm) ==1)
            break;
    }
    fseek( db,0,0);
    while( ! feof( db) )
    {
        if (fread( &dat,sizeof( dat) ,1,db) ==1)
        {
            if( strcmp( zh,dat. zh) ==0 && strcmp( mm,dat. mm) ==0)
            {
                printf( "请输入你要取款的数额:" );
                scanf( "%d",&money);
                if( money > dat. money)
                {
                    printf( " \n" );
                    printf( "对不起,您的余额不足! 按任意键返回\n" );
                    printf( " \n" );
                    getch ( );
                    goto gl;
                }
                strcpy( temp. mz,dat. mz);
                strcpy( temp. zh,zh);
                strcpy( temp. mm,mm);
                temp. money = dat. money - money;
                fwrite( &temp,sizeof( temp) ,1,lan);
            }
            else
            {
                fwrite( &dat,sizeof( dat) ,1,lan);
            }
            i ++;
```

```
                if(feof(db) !=0)
                {
                    printf("\n");
                    printf("账号不存在! 按任意键返回\n");
                    printf("\n");
                    getch ();
                    goto gl;
                }
            }
        }
        DealAccount(db,lan);
        printf("\n 取款成功! 按任意键返回\n");
        printf("\n");
        getch ();
gl:
        ;
}
/* 函数功能:销户
   函数参数:无
   函数返回值:无
 */
void OffAccount ()
{
    FILE  *db, *lan;
    char zh[20];
    char mm[20];
    char statue[5],statue1[] = {"y"};
    int i =1,j =0;
    db = fopen("db.dat","rb");
    lan = fopen("tempdb.dat","wb+");
    fseek(lan,0,0);
    if(db == NULL)
    {
        printf("还没有一个人申请账号,按任意键返回.\n");
        printf("\n");
        getch ();
        goto gl;
    }
    printf("请输入你的账号:");
```

```
scanf("%s",zh);
printf("密码:");
GetPassword(mm,6);
while(! feof(db))
{
    if (fread(&dat,sizeof(dat),1,db)==1)
    {
        if(strcmp(zh,dat.zh)==0 && strcmp(mm,dat.mm)==0)
        {
            j=1;
            printf("\n\n\n");
            printf("请选择是否销户(y/n):");
            scanf("%s",statue);
            if(strcmp(statue,statue1)==0)
            {
                continue;
            }
            else
            {
                printf("\n");
                goto gl;
            }
        }
        else
        {
            fwrite(&dat,sizeof(dat),1,lan);
            continue;
        }
    }
}
fclose(db);
DealAccount(db,lan);
if (j==0)
{
    printf("\n没有这个账户!");
    goto gl;
}
printf("\n操作成功!");
gl:
```

```
    printf("按任意键返回\n");
    printf("\n");
    getch();
}
/* 函数功能:  对账号信息进行处理
   函数参数:  p1,p 为文件指针对象
   函数返回值:无
*/
void DealAccount(FILE * p,FILE * p1)
{
    p = fopen("db.dat","wb+");
    fseek(p,0,0);
    fseek(p1,0,0);
    while(!feof(p1))
    {
        if(fread(&temp,sizeof(temp),1,p1) == 1)
        {
            fwrite(&temp,sizeof(temp),1,p);
        }
        else
            break;
    }
    fclose(p1);
    fclose(p);
    p1 = fopen("tempDB.dat","wb+");
    fclose(p1);
}
/* 函数功能:  修改密码
   函数参数:  无
   函数返回值:无
*/
void ModifyPassWord()
{
    FILE *db, *lan;
    char zh[20];
    char mm[20];
    char mm_ok[20];
    int i = 1;
    db = fopen("db.dat","rb");
```

```
    lan = fopen("tempdb.dat","wb+");
    fseek(lan,0,0);
    if(db == NULL)
    {
        printf("\n");
        printf("还没有一个人申请账号,按任意键返回.\n");
        printf("\n");
        getch ();
        goto gl;
    }
    printf("请输入你的账号:");
    scanf("%s",zh);
    printf("密码:");
    scanf("%s",mm);
    while(! feof(db))
    {
        if (fread(&dat,sizeof(dat),1,db) ==1)
        {
            if(strcmp(zh,dat.zh) ==0 && strcmp(mm,dat.mm) ==0)
            {
lp:             printf("\n请输入新的密码:");
                GetPassword(dat.mm,6);
                printf("\n确认密码:");
                GetPassword(mm_ok,6);
                if(strcmp(dat.mm,mm_ok) !=0)
                {
                    printf("\n确认密码不一样! 请重新输入.\n");
                    goto lp;
                }
                strcpy(temp.mz,dat.mz);
                strcpy(temp.zh,zh);
                strcpy(temp.mm,mm_ok);
                temp.money = dat.money;
                fwrite(&temp,sizeof(temp),1,lan);
            }
            else
            {
                fwrite(&dat,sizeof(dat),1,lan);
            }
```

```
                i ++ ;
                if(feof(db) != 0)
                {
                    printf(" \n");
                    printf(" \n 账号不存在! 按任意键返回\n");
                    printf(" \n");
                    getch ();
                    goto gl;
                }
            }
        }
        DealAccount(db,lan);
        printf(" \n 密码修改成功! 按任意键返回\n");
        printf(" \n");
        getch ();
gl:
        ;
}
/* 函数功能: 以 * 显示并得到密码
   函数参数: pszPw : 保存密码的缓冲, iMaxSize :最大的密码长度,
             该长度必须小于缓冲区大小
  函数返回值:返回值为 TRUE 为成功获取密码
*/
int GetPassword(unsigned char * pszPw,int iMaxSize)
{
    unsigned char ch;
    int i =0;
    int bIsEcho = TRUE;
    while((ch = (unsigned char)getch ()) && i < iMaxSize)
    {
        bIsEcho = TRUE;
        if (ch == 13)
        {
            pszPw[i ++] =0;
            break;
        }
        else if(ch >- MIN_INPUT && ch <= MAX_INPUT) /* 所有可打印字符 */
        {
            pszPw[i ++] = ch;
```

```
    }
    else if(ch ==8 && i >0) /* 退格键 */
    {
        pszPw[i -- ] =0;
        bIsEcho = FALSE;
        putchar(ch);
        putchar('');
        putchar(ch);
    }
    else
        bIsEcho = FALSE;
    if(bIsEcho)
    putchar('*');
}
pszPw[i] =0;
return TRUE;
```

附 录 A

C 语言编程常见错误

1. 书写标识符时，忽略了大小写字母的区别。

```
main ( )
{
    int x =5;
    printf( "%d" ,X);
}
```

编译程序把 x 和 X 认为是两个不同的变量名，而显示出错信息。C 认为大写字母和小写字母是两个不同的字符。习惯上，符号常量名用大写字母表示，变量名用小写字母表示或小写字母与数字联合表示，以增加程序的可读性。

2. 忽略了变量的类型，进行了不合法的运算。

```
main ( )
{
    float x,y;
    printf( "%d" , x%y);
}
```

% 是求余运算，得到 x/y 的整余数。整型变量 x 和 y 可以进行求余运算，而实型变量则不允许进行“求余”运算。

3. 将字符常量与字符串常量混淆。

```
char ch;
ch = "a";
```

在这里就混淆了字符常量与字符串常量，字符常量是由一对单引号括起来的单个字符，字符串常量是一对双引号括起来的字符序列。C 规定以“\0”作为字符串结束标志，它是由系统自动加上的，所以字符串“a”实际上包含两个字符：“a”和“\0”，而把它赋给一个字符变量是不行的。

4. 忽略了“=”与“==”的区别。

在 C 语言中，“=”是赋值运算符，“==”是关系运算符。如 if (a==2) a=b；前者是进行比较，变量 a 的值是否和 3 相等，后者表示如果 a 和 3 相等，把 b 值赋给变量 a。由于习惯问题，初学者往往会犯这样的错误。

5. 忘记加分号。

分号“;”是 C 语言中不可缺少的一部分，语句末尾必须有分号。例如：

```
x = 1
y = 1
```

编译时，编译程序在“x = 1”后面没有发现分号，就把下一行“y = 2”也作为上一行语句的一部分，这就会出现语法错误。改错时，有时在被指出有错的一行中未发现错误，就需要看一下上一行是否漏掉了分号。

```
{
    z = x + y;
    t = z/100;
    printf("%f", t);          //这里的分号不能忽略不写
}
```

对于复合语句来说，最后一个语句后面的分号不能忽略不写。

6. 多加分号。

对于一个复合语句，如：

```
{
      z = x + y;
      t = z/100;
      printf("%f", t);          //这里的分号不能忽略不写
};
```

复合语句的花括号后不应再加分号，否则将会画蛇添足。

又如下列这段程序：

```
if (x%3 == 0);
    i++;
```

这段程序要求实现：如果 3 整除 x，则 i 加 1。但由于 if (x%3 == 0) 后多加了分号，则 if 语句到此结束，程序将继续执行 i++ 语句，不论 3 是否整除 x，i 都将自动加 1。

再如，

```
for (i =0;i <5; i ++);
{
    scanf("%d", &x);
    printf("%d", x);
}
```

程序段要求先后输入 5 个整数，每输入一个数后再将它输出。由于 for ( ) 后多加了一个分号，使循环体变为空语句，此时，只能输入一个数并输出它。

7. if 语句后少括号。

```
if x%2 ==0
    printf("Even\n");
else
    printf("Odd\n");
```

程序段要求判断 x 的奇偶性，是偶数，则输出" Even"；是奇数则输出" Odd"。由于 if 语句后的条件语句 x%2 ==0 没有括号，程序在运行时提示 syntax error ：identifier 'x'，正确的写法为 if (x%2 ==0)。

8. 关系运算的错误写法。

```
scanf("%d",&x);
if(70 <=x <=80)
    printf("Normal");
```

if 语句要求判断 x 是否在 70 到 80 之间，如果是则输出" Normal"，上述写法，x 在任何情况下，表达式 70 <=x <=80 始终为真，也就是输出结果始终为 Normal。对于关系运算，正确的写法为：if (x >=70 && x <=80)。

9. 输入变量时忘记加地址运算符“&”。

```
int x,y;
scanf("%d%d",x,y);
```

这是不合法的。scanf 函数的作用是：按照 x，y 在内存的地址将 x、y 的值存进去。“&x” 指在内存中的地址。

10. 输入数据的方式与要求不符。

(1) scanf("%d%d",&x,&y);

输入时，不能用逗号作两个数据间的分隔符，如下面输入不合法：

3,4

输入数据时，在两个数据之间以一个或多个空格间隔，也可用回车键，跳格键 tab.

(2) scanf("%d,%d",&x,&y);

C 语言规定：如果在“格式控制”字符串中除了格式说明以外还有其他字符，则在输入数据时应输入与这些字符相同的字符。下面输入是合法的：

3,4

此时，不用逗号而用空格或其他字符是不对的。

3 4　　　3:4

(3) Scanf("x =%d,y =%d",&x,&y);

输入格式应为如下格式：

```
x = 3, y = 4
```

11. 输入字符的格式与要求不一致。

在用“%c”格式输入字符时，“空格字符”和“转义字符”都作为有效字符输入。

```
scanf("%c%c%c",&c1,&c2,&c2);
```

如输入 a b c

字符“a”送给 c1，字符“ ”送给 c2，字符“b”送给 c3，因为%c 只要求读入一个字符，后面不需要空格作为两个字符的间隔。

12. 输入输出的数据类型与所用格式说明符不一致。

例如：a 已定义为整型，b 定义为实型。

```
a = 3;b = 4.5;
printf("%f%d\n",a,b);
```

编译时不给出出错信息，但运行结果将与愿意不符。这种错误尤其需要注意。

13. 输入数据时，企图规定精度。

```
scanf("%7.2",&a);
```

这样做是不合法的，输入数据时不能规定精度。

14. switch 语句中漏写 break 语句。

例如：根据考试成绩的等级打印出百分制数段。

```
switch(grade)
{
    case 'A':printf("85 ~ 100\n");
    case 'B':printf("70 ~ 84\n");
    case 'C':printf("60 ~ 69\n");
    case 'D':printf("&lt:60\n");
    default:printf("error\n");
}
```

由于漏写了 break 语句，case 只起标号的作用，而不起判断作用。因此，当 grade 值为 A 时，printf 函数在执行完第一个语句后接着执行第二三四五个 printf 函数语句。正确写法应在每个分支后再加上“break”。例如：

```
switch(grade)
{
    case 'A':printf("85 ~ 100\n");
        break;
    case 'B':printf("70 ~ 84\n");
        break;
    case 'C':printf("60 ~ 69\n");
        break;
    case 'D':printf(" <=60\n");
        break;
```

```
        default:printf("error\n");
    }
```

15. 忽视了 while 和 do-while 语句在细节上的区别。

(1)

```
main ()
{
    int a=0,i;
    scanf("%d",&i);
    while(i<=10)
    {
        a=a+i;
        i++;
    }
    printf("%d",a);
}
```

(2)

```
main ()
{
    int a=0,i;
    scanf("%d",&i);
    do
    {
        a=a+i;
        i++;
    } while(i<=10);
    printf("%d",a);
}
```

可以看出，当输入 i 的值小于或等于 10 时，二者得到的结果相同。而当 i>10 时，二者的结果就不同了。因为 while 循环是先判断后执行，而 do-while 循环是先执行后判断。对于大于 10 的数 while 循环一次也不执行循环体，而 do-while 语句则要执行一次循环体。

16. 定义数组时误用变量。

```
int n;
scanf("%d",&n);
int a[n];
```

数组名后用方括号括起来的是常量表达式，可以包括常量和符号常量。即 C 不允许对数组的大小作动态定义。

17. 在定义数组时，将定义的“元素个数”误认为是可使的最大下标值。

```
main ()
{
    static int a[10] = {1,2,3,4,5,6,7,8,9,10};
    printf("%d",a[10]);
```

```
}
```

C 语言规定：定义时用 a［10］，表示 a 数组有 10 个元素。其下标值由 0 开始，所以数组元素 a［10］是不存在的。

18. 初始化数组时，未使用静态存储。

```
int a[3] = {0,1,2};
```

这样初始化数组是不对的。C 语言规定只有静态存储（static）数组和外部存储（extern）数组才能初始化。应改为：static int a［3］ = {0, 1, 2};

19. 在不应该加地址运算符 & 的位置加了地址运算符。

```
scanf("%s",&str);
```

C 语言编译系统对数组名的处理是：数组名代表该数组的起始地址，且 scanf 函数中的输入项是字符数组名，不必要再加上地址符 &。应改为：scanf（"%s"，str）;

20. 指针未初始化，在引用指针变量之前没有对它赋予确定的值。

例如：

```
{
    int *p;
    *p =0;
}
```

指针 p 没有被初始化，dos 下这将有可能导致死机，windows 下将导致一个非法操作。使用指针前一定要初始化，使它指向一个确实分配了的空间。

例如：

```
{
    char * p;
    scanf("%s",p);
}
```

由于指针 p 没有初始化，将导致输入错误。应改为：

```
{
    char * p, c[20];
    p =c;
    scanf("%s",p);
}
```

21. 混淆数组名和指针变量的区别。

例如：

```
{
    int i,a[5];
    for(i =0; i<5; i++)
        scanf("%d",a++);
}
```

程序中 a 是数组名，代表了数组的首地址，它不能被修改。上述程序应该修改为：

```
{
```

```
    int a[5]  *p;
    for(p=a ;p<a+5;pi++)
        scanf("%d",p);
}
```

或者修改为:

```
{
    int i,a[5], *p;
    p=a;
    for(i=0; i<5; i++)
        scanf("%d",p++);
}
```

附 录 B

常用 C 语言库函数

<assert. h>：诊断

<assert. h>中只定义了一个带参的宏 assert，其定义形式如下：

void assert（int 表达式）

assert 宏用于为程序增加诊断功能，它可以测试一个条件并可能使程序终止。在执行语句：

assert（表达式）；时，如果表达式为 0，则在终端显示一条信息：

Assertion failed：0，file 源文件名，line 行号

Abnormal program termination

然后调用 abort 终止程序的执行。

在<assert. h>中，带参宏 assert 是被定义为条件编译的，如果在源文件中定义了宏 NDEBUG，则即使包含了头文件<assert. h>，assert 宏也将被忽略。

<ctype. h>：字符类别测试

在头文件<ctype. h>中定义了一些测试字符的函数。在这些函数中，每个函数的参数都是整型 int，而每个参数的值或者为 EOF，或者为 char 类型的字符。<ctype. h>中定义的标准函数列见表 1。

表 1 <ctype. h>中定义的函数

函数定义	函数功能简介
int isalnum (int c)	检查字符是否是字母或数字
int isalpha (int c)	检查字符是否是字母
int isascii (int c)	检查字符是否是 ASCII 码
int iscntrl (int c)	检查字符是否是控制字符
int isdigit (int c)	检查字符是否是数字字符
int isgraph (int c)	检查字符是否是可打印字符
int islower (int c)	检查字符是否是小写字母
int isprint (int c)	检查字符是否是可打印字符
int ispunct (int c)	检查字符是否是标点字符
int isspace (int c)	检查字符是否是空格符
int isupper (int c)	检查字符是否是大写字母
int isxdigit (int c)	检查字符是否是十六进制数字字符
int toupper (int c)	将小写字母转换为大写字母
int tolower (int c)	将大写字母转换为小写字母

<errno. h>: 错误处理

<errno. h>中定义了两个常量，一个变量。

1. EDOM。

它表示数学领域错误的错误代码。

2. ERANGE。

它表示结果超出范围的错误代码。

3. errno。

这是一个变量，该值被设置成用来指出系统调用的错误类型。

<limits. h>: 整型常量

在头文件<limits. h>中定义了一些表示整型大小的常量。下面给出这些常量的字符表示以及含义，见表 2。

表 2 <limits. h>中定义的字符常量

字符常量	取　　值	含　　义
CHAR_BIT	8	char 类型的位数
CHAR_MAX	255 或 127	char 类型最大值
CHAR_MIN	0 或 -127	char 类型最小值
INT_MIN	-32767	int 类型最小值
INT_MAX	32767	int 类型最大值
LONG_MAX	2147483647	long 类型最大值
LONG_MIN	-2147483647	long 类型最小值

续表

字符常量	取　值	含　义
SCHAR_MAX	127	signed char 类型最大值
SCHAR_MIN	-127	signed char 类型最小值
SHRT_MAX	32767	short 类型的最大值
SHRT_MIN	-32767	short 类型的最小值
UCHAR_MAX	255	unsigned char 类型最大值
UINT_MAX	65535	unsigned int 类型最大值
ULONG_MAX	4294967295	unsigned long 类型最大值
USHRT_MAX	65535	unsigned short 类型的最大值

<locale. h>：地域环境

在<locale. h>中，定义了 7 个常量，1 个结构，2 个函数。

1. 常量的定义。

LC_ALL：传递给 setlocale 的第一个参数，指定要更改该 locale 的哪个方面。

LC_COLLATE：strcoll 和 strxfrm 的行为。

LC_CTYPE：字符处理函数。

LC_MONETARY：localeconv 返回的货币信息。

LC_NUMERIC：localeconv 返回的小数点和货币信息。

LC_TIME：strftime 的行为。

以上扩展成具有唯一取值的整型常数表达式，可作为 setlocale 的第一个参数。

NULL：由实现环境定义的空指针。

2. struct lconv 结构。

该结构用于存储和表示当前 locale 的设置。其结构定义如下：

```
struct lconv
    {
        char * decimal_point;
        char * thousands_sep;
        char * grouping;
        char * int_curr_symbol;
        char * currency_symbol;
        char * mon_decimal_point;
        char * mon_thousands_sep;
        char * mon_grouping;
        char * positive_sign;
        char * negative_sign;
        char int_frac_digits;
        char frac_digits;
        char p_cs_precedes;
```

```
        char p_sep_by_space;
        char n_cs_precedes;
        char n_sep_by_space;
        char p_sign_posn;
        char n_sign_posn;
    };
```

3. 函数。

struct Iconv * localeconv (void);

函数 localeconv 将一个 struct Iconv 类型的对象的数据成员设置成为按照当前地域环境的有关规则进行数量格式化后的相应值。

char * setlocale (int category, char * locale);

函数 setlocale 用于更改和查询程序的整个当前地域环境或部分设置。地域环境变量由参数 category（上面定义的 6 个常量）和 locale 指定。

<math. h>：数学函数

在 <math. h> 中定义了一些数学函数和宏，用来实现不同种类的数学运算。下面给出 <math. h> 中标准数学函数的函数定义及功能简介，见表 3。

表 3　　<math. h> 中定义的函数

函数定义	函数功能简介
double exp (double x);	指数运算函数，求 e 的 x 次幂函数
double log (double x)	对数函数 ln (x)
double log10 (double x);	对数函数 log
double pow (double x, double y);	指数函数（x 的 y 次方）
double sqrt (double x);	计算平方根函数
double ceil (double x);	向上舍入函数
double floor (double x);	向下舍入函数
double fabs (double x);	求浮点数的绝对值
double ldexp (double x, int n);	装载浮点数函数
double frexp (double x, int * exp);	分解浮点数函数
double modf (double x, double * ip);	分解双精度数函数
double fmod (double x, double y);	求模函数
double sin (double x);	计算 x 的正弦值函数
double cos (double x);	计算 x 的余弦值函数
double tan (double x);	计算 x 的正切值函数
double asin (double x);	计算 x 的反正弦函数
double acos (double x);	计算 x 的反余弦函数
double atan (double x);	反正切函数 1
double atan2 (double y, double x);	反正切函数 2
double sinh (double x);	计算 x 的双曲正弦值
double cosh (double x);	计算 x 的双曲余弦值
double tanh (double x);	计算 x 的双曲正切值

在标准库中，还有一些与数学计算有关的函数定义在其他头文件中。

< setjmp. h >：非局部跳转

在头文件 < setjmp. h > 中定义了一种特别的函数调用和函数返回顺序的方式。这种方式不同于以往的函数调用和返回顺序，它允许程序流程立即从一个深层嵌套的函数中返回。

< setjmp. h > 中定义了两个宏：

```
int setjmp (jmp_buf env);    /* 设置调转点 */
```

和

```
longjmp (jmp_buf jmpb, int retval);    /* 跳转 */
```

宏 setjmp 的功能是将当前程序的状态保存在结构 env ，为调用宏 longjmp 设置一个跳转点。setjmp 将当前信息保存在 env 中供 longjmp 使用。其中 env 是 jmp_ buf 结构类型的，该结构定义为：

```
typedef struct {
    unsignedj_sp;
    unsignedj_ss;
    unsignedj_flag;
    unsignedj_cs;
    unsignedj_ip;
    unsignedj_bp;
    unsignedj_di;
    unsignedj_es;
    unsignedj_si;
    unsignedj_ds;
}   jmp_buf[1];
```

直接调用 setjmp 时，返回值为 0，这一般用于初始化（设置跳转点时）。以后再调用 longjmp 宏时用 env 变量进行跳转。程序会自动跳转到 setjmp 宏的返回语句处，此时 setjmp 的返回值为非 0，由 longjmp 的第二个参数指定。

下面通过例子来理解 < setjmp. h > 中定义的这两个宏。

[**示例 B－1**] 非局部跳转演示。

```
#include <setjmp. h>
jmp_buf env;  /* 定义 jmp_buf 类型变量 */
int main(void)
{
    int value;
    value = setjmp(env);  /* 调用 setjmp,为 longjmp 设置跳转点 */
    if (value ! =0)
    {
        printf("Longjmp with value %d\n",value);
        exit(value);     /* 退出程序 */
```

```
    }
    printf("Jump   ···\n");
    longjmp(env,1);          /*跳转到 setjmp 语句处*/
    return 0;
}
```

程序先应用 setjmp 宏为 longjmp 设置跳转点，当第一次调用 setjmp 时返回值为 0，并将程序的当前状态（寄存器的相关状态）保存在结构变量 env 中。当程序执行到 longjmp 时，系统会根据 setjmp 保存下来的状态 env 跳转到 setjmp 语句处，并根据 longjmp 的第二个参数设置此时 setjmp 的返回值。

程序的运行结果为：

Jump ···

Longjmp with value 1

一般地，宏 setjmp 和 longjmp 是成对使用的，这样程序流程可以从一个深层嵌套的函数中返回。

<signal. h>：信号

头文件 <signal. h> 中提供了一些处理程序运行期间引发的各种异常条件的功能，例如一些来自外部的中断信号等。

在 <signal. h> 中只定义了两个函数：

int signal （int sig，sigfun fname）；

和

int raise （int sig）；

signal 函数的作用是设置某一信号的对应动作。其中参数 sig 用来指定哪一个信号被设置处理函数。在标准 C 中支持的信号如表 4 所示。

表 4　　标准 C 支持的信号

取　值	说　明	默认执行动作	使用的操作系统
SIGABRT	异常中止	中止程序	UNIX DOS
SIGPPE	算术运算错误	中止程序	UNIX DOS
SIGILL	非法硬件指令	中止程序	UNIX DOS
SIGINT	终端中断	中止程序	UNIX DOS
SIGSEGV	无效的内存访问	中止程序	UNIX DOS
SIGTERM	中止信号	中止程序	UNIX DOS

参数 fname 是一个指向函数的指针，当 sig 的信号发生时程序会自动中断转而执行 fname 指向的函数。执行完毕再返回断点继续执行程序。系统提供了两个常量函数指针，可以作为函数的参数传递。它们分别是：

SIG_DEF：执行默认的系统第一的函数。

SIG_IGN：忽略此信号。

raise 函数的作用是向正在执行的程序发送一个信号，从而使得当前进程产生一个中断而转向信号处理函数 signal 执行。其中参数 sig 为信号名称，它的取值范围同函数 signal 中的参数 sig 取值范围相同。

下面通过例子理解函数 signal 和 raise。

［例 B－2］ signall 和 raise 函数演示

```
#include <stdio.h>
#include <signal.h>
void Print1 ();
void Print2 ();
int main ()
{   signal(SIGINT,Print1);
    printf("Please enter Ctr+c for interupt\n") ;
    getchar ();
    signal(SIGSEGV,Print2);
    printf("Please enter any key for a interupt\n");
    getchar ();
    raise(SIGSEGV);
}
void Print1 ()
{
    printf("This is a SIGINT interupt! \n");
}
void Print2 ()
{
    printf("This is a SIGSEGV interupt! \n");
}
```

程序首先通过用户终端输入 Ctrl＋c 产生一个终端中断，然后应用 signal 函数调用中断处理函数 Print1；再通过 raise 函数生成一个无效内存访问中断，并通过 signal 函数调用中断处理函数 Print2。

本例程的运行结果为：

```
Please enter Ctr+c for interupt
^C
This is a SIGINT interupt!
Please enter any key for a interupt
a
This is a SIGSEGV interupt!
```

<stdarg.h>：可变参数表

可变参数表<stdarg.h>中的宏是用来定义参数可变的函数的。在 C 语言中，有些库函数或者用户自定义的函数的参数是可变的，常用省略号“……”（例如库函数中的 printf），定义这样的函数就要使用到 < stdarg. h > 中的宏。

1. va_list。

用于保存宏 va_ start，va_ arg 以及 va_ end 所需信息的数据类型。

2. < stdarg. h > 中还定义了三个宏。

```
void va_start( va_list ap, parmN ) ;
type va_arg( va_list ap, type ) ;
void va_end ( va_list ap) ;
```

va_start 的作用是初始化 ap，因此 va_start 要在所有其他的 va_开头的宏前面最先使用（除了用 va_list 定义变量外），后面的 va_copy，va_arg，va_end 都要使用到 ap。在一对 va_start 和 va_end 之间不能再次使用 va_start 宏。其中，parmN 为“…”之前的最后一个参数。例如，printf 函数定义为：printf （const char * format，…）；那么在 printf 函数中的 va_start 使用之后，parmN 的值就等于 * format。

va_arg 的作用就是返回参数列表 ap 中的下一个具有 type 类型的参数，每次调用 va_arg 都会修改 ap 的值，这样才能连续不断地获取下一个 type 类型的参数。

va_end 与 va_start 构成了一个 scope，va_end 标志着结束，va_end 之后 ap 就无效了。

< stddef. h >：公共定义

在头文件 < seddef. h > 中，指定了标准库中的公共定义。其中主要包括以下内容：

1. NULL。

空指针类型常量。

2. offset （type，member – designator）。

它是扩展 iz – t 类型的一个整型常数表达式。它的值为从 type 定义的结构类型的开头到结构成员 member – designator 的偏移字节数。

3. ptrdiff_t。

表示两指针之差的带符号整数类型。

4. size_t。

表示由 sizeof 运算符计算出的结果类型，它是一个无符号整数类型。

5. wchar_t。

它是一种整数类型，取值范围为在被支持的地域环境中最大扩展字符集的所有字符的各种代码，空字符代码值为 0。

< stdio. h >：输入输出

在头文件 < stdio. h > 中定义了输入输出函数，类型和宏。这些函数、类型和宏几乎占到标准库的 1/3。

下面给出头文件 < stdio. h > 中声明的函数以及功能简介，见表 5。

表 5　　　　　　　　　　　　　<stdio. h>中声明的函数

函数定义	函数功能简介
FILE *fopen (char *filename, char *type)	打开一个文件
FILE *fropen (char *filename, char *type, FILE *fp)	打开一个文件，并将该文件关联到 fp 指定的流
int fflush (FILE *stream)	清除一个流
int fclose (FILE *stream)	关闭一个文件
int remove (char *filename)	删除一个文件
int rename (char *oldname, char *newname)	重命名文件
FILE *tmpfile (void)	以二进制方式打开暂存文件
char *tmpnam (char *sptr)	创建一个唯一的文件名
int setvbuf (FILE *stream, char *buf, int type, unsigned size)	把缓冲区与流相关
int printf (char *format…)	产生格式化输出的函数
int fprintf (FILE *stream, char *format [, argument, …])	传送格式化输出到一个流中
int scanf (char *format [, argument, …])	执行格式化输入
int fscanf (FILE *stream, char *format [, argument…])	从一个流中执行格式化输入
int fgetc (FILE *stream)	从流中读取字符
char *fgets (char *string, int n, FILE *stream)	从流中读取一字符串
int fputc (int ch, FILE *stream)	送一个字符到一个流中
int fputs (char *string, FILE *stream)	送一个字符到一个流中
int getc (FILE *stream)	从流中取字符
int getchar (void)	从 stdin 流中读字符
char *gets (char *string)	从流中取一字符串
int putchar (int ch)	在 stdout 上输出字符
int puts (char *string)	送一字符串到流中
int ungetc (char c, FILE *stream)	把一个字符退回到输入流中
int fread (void *ptr, int size, int nitems, FILE *stream)	从一个流中读数据
int fwrite (void *ptr, int size, int nitems, FILE *stream)	写内容到流中
int fseek (FILE *stream, long offset, int fromwhere)	重定位流上的文件指针
long ftell (FILE *stream)	返回当前文件指针
int rewind (FILE *stream)	将文件指针重新指向一个流的开头
int fgetpos (FILE *stream)	取得当前文件的句柄
int fsetpos (FILE *stream, const fpos_t *pos)	定位流上的文件指针
void clearerr (FILE *stream)	复位错误标志
int feof (FILE *stream)	检测流上的文件结束符
int ferror (FILE *stream)	检测流上的错误
void perror (char *string)	系统错误信息

在头文件<stdio. h>中还定义了一些类型和宏。

<stdlib. h>：实用函数

在头文件<stdlib. h>中声明了一些实现数值转换，内存分配等类似功能的函数。下面给出头文件<stdlib. h>中声明的函数以及功能简介，见表6。

表6　<stdlib. h>中声明的函数

函数定义	函数功能简介
double atof（const char *s）	将字符串s转换为double类型
int atoi（const char *s）	将字符串s转换为int类型
long atol（const char *s）	将字符串s转换为long类型
double strtod（const char *s，char **endp）	将字符串s前缀转换为double型
long strtol（const char *s，char **endp，int base）	将字符串s前缀转换为long型
unsinged long strtol（const char *s，char **endp，int base）	将字符串s前缀转换为unsinged long型
int rand（void）	产生一个0~RAND_MAX之间的伪随机数
void srand（unsigned int seed）	初始化随机数发生器
void *calloc（size_t nelem，size_t elsize）	分配主存储器
void *malloc（unsigned size）	内存分配函数
void *realloc（void *ptr，unsigned newsize）	重新分配主存
void free（void *ptr）	释放已分配的块
void abort（void）	异常终止一个进程
void exit（int status）	终止应用程序
int atexit（atexit_t func）	注册终止函数
char *getenv（char *envvar）	从环境中取字符串
void *bsearch（const void *key，const void *base，size_t *nelem，size_t width，int（*fcmp）（const void *，const *））	二分法搜索函数
void qsort（void *base，int nelem，int width，int（*fcmp）（））	使用快速排序例程进行排序
int abs（int i）	求整数的绝对值
long labs（long n）	取长整型绝对值
div_t div（int number，int denom）	将两个整数相除，返回商和余数
ldiv_t ldiv（long lnumer，long ldenom）	两个长整型数相除，返回商和余数

<time. h>：日期与时间函数

在头文件<time. h>中，声明了一些处理日期和时间的类型与函数。clock_t和time_t是两个表示时间值的算术类型。结构struct tm存储了一个日历时间的各个成分。结构tm的成员的意义及其正常的取值范围如下：

```
struc t tm{
    int tm_sec;      /*从当前分钟开始经过的秒数（0，61）*/
    int tm_min;      /*从当前小时开始经过的分钟数（0，59）*/
    int tm_hour;     /*从午夜开始经过的小时数（0，23）*/
    int tm_mday;     /*当月的天数（1，31）*/
```

```
    int    tm_mon;        /* 从 1 月起经过的月数（0, 11） */
    int    tm_year;       /* 从 1900 年起经过的年数 */
    int    tm_wday;       /* 从本周星期天开始经过的天数（0, 6） */
    int    tm_yday;       /* 从今年 1 月 1 日起经过的天数（0, 356） */
    int    tm_isdst;      /* 夏令时标记 */
}
```

如果夏令时有效，夏令时标记 tm_isdst 值为正；若夏令时无效，tm_isdst 值为 0；如果得不到夏令时信息，tm_isdst 值为负。

下面给出头文件 <time. h> 中声明的时间函数，见表 7。

表 7　　<time. h> 中声明的时间函数

函数定义	函数功能简介
clock_t clock (void)	确定处理器时间函数
time_t time (time_t *tp)	返回当前日历时间
double difftime (time_t time2, time_t time1)	计算两个时刻之间的时间差
time_t mktime (struct tm *tp)	将分段时间值转换为日历时间值
char *asctime (const struct tm *tblock)	转换日期和时间为 ASCII 码
char *ctime (const time_t *time)	把日期和时间转换为字符串
struct tm *gmtime (const time_t *timer)	把日期和时间转换为格林尼治标准时间（GMT）
struct tm *localtime (const time_t *timer)	把日期和时间转变为结构
size_t strftime (char *s, size_t smax, const char *fmt, const struct tm *tp)	根据 fmt 的格式要求将 *tp 中的日期与时间转换为指定格式

附录C

ASCII 表

ASCII 值	控制字符	ASCII 值	控制字符	ASCII 值	控制字符	ASCII 值	控制字符
0	NUT	14	SO	28	FS	42	*
1	SOH	15	SI	29	GS	43	+
2	STX	16	DLE	30	RS	44	,
3	ETX	17	DCI	31	US	45	-
4	EOT	18	DC2	32	(space)	46	.
5	ENQ	19	DC3	33	!	47	/
6	ACK	20	DC4	34	"	48	0
7	BEL	21	NAK	35	#	49	1
8	BS	22	SYN	36	$	50	2
9	HT	23	TB	37	%	51	3
10	LF	24	CAN	38	&	52	4
11	VT	25	EM	39	,	53	5
12	FF	26	SUB	40	(	54	6
13	CR	27	ESC	41	)	55	7

续表

ASCII 值	控制字符	ASCII 值	控制字符	ASCII 值	控制字符	ASCII 值	控制字符
56	8	74	J	92	/	110	n
57	9	75	K	93	]	111	o
58	:	76	L	94	^	112	p
59	;	77	M	95	—	113	q
60	<	78	N	96	、	114	r
61	=	79	O	97	a	115	s
62	>	80	P	98	b	116	t
63	?	81	Q	99	c	117	u
64	@	82	R	100	d	118	v
65	A	83	X	101	e	119	w
66	B	84	T	102	f	120	x
67	C	85	U	103	g	121	y
68	D	86	V	104	h	122	z
69	E	87	W	105	i	123	{
70	F	88	X	106	j	124	|
71	G	89	Y	107	k	125	}
72	H	90	Z	108	l	126	~
73	I	91	[	109	m	127	DEL

部分控制字符含义

NUL 空	VT 垂直制表	SYN 空转同步
SOH 标题开始	FF 走纸控制	ETB 信息组传送结束
STX 正文开始	CR 回车	CAN 作废
ETX 正文结束	SO 移位输出	EM 纸尽
EOY 传输结束	SI 移位输入	SUB 换置
ENQ 询问字符	DLE 空格	ESC 换码
ACK 承认	DC1 设备控制 1	FS 文字分隔符
BEL 报警	DC2 设备控制 2	GS 组分隔符
BS 退一格	DC3 设备控制 3	RS 记录分隔符
HT 横向列表	DC4 设备控制 4	US 单元分隔符
LF 换行	NAK 否定	DEL 删除

附录D

×××学院实验报告

课程名称：程序设计基础

<table>
<tr><td>实验编号及实验名称</td><td colspan="3"></td><td>系　别</td><td></td></tr>
<tr><td>姓　名</td><td></td><td>学　号</td><td></td><td>班　级</td><td></td></tr>
<tr><td>实验地点</td><td></td><td>实验日期</td><td></td><td>实验时数</td><td></td></tr>
<tr><td>指导教师</td><td></td><td>同组其他成员</td><td></td><td>成　绩</td><td></td></tr>
<tr><td colspan="6">一、实验目的及要求</td></tr>
<tr><td colspan="6">二、实验环境及相关情况（包含使用软件、实验设备、主要仪器及材料等）
1. 实验设备：微型计算机；2. 软件系统：Windows XP、Visual C++6.0、Internet 网络。</td></tr>
</table>

续表

三、实验内容
四、实验步骤及结果（包含简要的实验步骤流程、结论陈述，可附页）
五、实验总结（包括心得体会、问题回答及实验改进意见）
六、教师评语 1. 完成所有规定的实验内容，实验步骤正确，结果正确； 2. 完成绝大部分规定的实验内容，实验步骤正确，结果正确； 3. 完成大部分规定的实验内容，实验步骤正确，结果正确； 4. 基本完成规定的实验内容，实验步骤基本正确，所完成的结果基本正确； 5. 未能很好地完成规定的实验内容或实验步骤不正确或结果不正确。 6. 其他：________________ 评定等级：优秀　良好　中等　及格　不及格 教师签名： 年　　月　　日

学号		姓名		实验名称	

参考文献

[1] 唐新来，王萌．C语言程序设计实验指导．北京：科学出版社，2009.

[2] 杨莉，龚义建．C语言程序设计实训指导教程．武汉：华中科技大学出版社，2009.

[3] 张涛，陈立志．C语言程序设计实训教程．重庆：重庆大学出版社，2009.

[4] 赵骥．C语言程序设计上机指导与习题解答．北京：清华大学出版社，2009.

[5] 苏小红，孙志刚．C语言大学实用教程习题指导（第2版）．北京：电子工业出版社，2009.

[6] 金保华．C语言程序设计实验指导与习题解答．北京：科学出版社，2007.

[7] 唐名华等．C语言程序设计．北京：清华大学出版社，2015.

[8] 颜晖，张泳．C语言程序设计实验与习题指导．北京：高等教育出版社，2018.